기업환경규제 대응을 위한

‘한눈에 쏙’ 환경법

김도형　한수연　김민경　고은민

기업환경규제 대응을 위한 '한눈에 쏙' 환경법

초 판 인 쇄	2025년 10월 24일
초 판 발 행	2025년 11월 5일
2 쇄 발 행	2025년 12월 31일
지 은 이	김도형 한수연 김민경 고은민
발 행 인	이수형
발 행 처	(주)법률신문사
출 판 등 록	1980. 4. 22. 제6-46호
주 소	서울특별시 서초구 서초대로 396, 1402호
대 표 전 화	02-3472-0602~5
팩 스	02-3472-0606
홈 페 이 지	www.lawtimes.co.kr

I S B N	979-11-5919-055-1(13360)
정 가	24,500원

기업환경규제 대응을 위한

'한눈에 쏙' 환경법

P R E F A C E

최근 국내외적으로 탄소중립, 순환경제, ESG 등 환경 분야의 중요성이 부각되고 있다. 환경 분야는 전통적인 규제의 영역으로서 관계법령 및 규제가 매우 다양하고 복잡하다. 따라서 사전에 환경법의 체계 및 규제 리스크를 파악하고 선제적으로 대응하여 예방하는 것이 무엇보다 중요하다.

환경법 분야는 1963년 11월 「공해방지법」과 1977년 12월 「환경보전법」의 제정으로 시작되었다. 이후 1987년 10월 환경법의 법적 근거인 「대한민국헌법」의 환경권 조항(제35조)이 신설되면서 국내 환경법 체계에 큰 변화가 있었다. 기존의 「환경보전법」은 수질, 대기 등 환경 매체를 통합적으로 규율하는 법률인데, 환경의 다양성 및 복잡성, 환경 매체별 관리 필요성 등으로 인해 1990년 8월 「환경정책기본법」, 「수질환경보전법」 등 6법으로 분법되었다.

1990년대 이후 환경오염 심화로 인한 환경정책 강화 및 저탄소 녹색성장 등 환경정책 전환으로 인해 「토양환경보전법」, 「자원의 절약과 재활용촉진에 관한 법률(약칭: 자원재활용법)」, 「저탄소 녹색성장 기본법(약칭: 녹색성장법)」 등 다양한 법률이 제·개정되었다.

2010년 이후 가습기 살균제 사건, 구미 불산 사고 등 환경 사건·사고의 발생으로 인해 「화학물질의 등록 및 평가 등에 관한 법률(약칭: 화학물질등록평가법)」, 「화학물질관리법」 등이 제정되었고, 최근 국내외적으로 탄소중립, 순환경제 등 중요성이 부각되면서 「기후위기 대응을 위한 탄소중립·녹색성장 기본법(약칭: 탄소중립기본법)」, 「순환경제사회 전환 촉진법(약칭: 순환경제사회법)」 등이 제정된 바 있다.

이후 2012년경부터 매년 1~2개의 신법이 제정되거나 잦은 법령 개정이 있었는데 2025년 6월 기준 환경법(환경부* 및 기상청 소관)은 약 85개인 것으로 확인된다. 그 외에도 시행령, 시행규칙, 행정규칙(환경부 고시 등)을 포함하면 약 2,000여개 이상의 법령이 있는 것으로 파악된다. 따라서 변호사 등 법조계 관계자뿐만 아니라 기업 등 관련 업무에 종사하는 실무자 등이 환경법에 대하여 쉽게 이해하거나 알기는 매우 어려운 실정이다.

이에 본 저서에서는 **기업을 대상으로 한 환경 규제와 관련하여 핵심적인 법률들을 '기업 환경 규제 6법'이라 정하고, 이들을 중심으로** 주요 규제사항 및 리스크에 대해 기업 실무자들이 최대한 쉽고 체계적으로 이해하고 파악할 수 있도록 정리하였다.

* 2025년 10월 '기후에너지환경부'로 개편되었으나 편의상 환경부로 함.

기업 환경 규제 6법

1. 대기환경보전법(대기오염 관리)
2. 물환경보전법(수질오염 관리)
3. 폐기물관리법(폐기물 관리)
4. 토양환경보전법(토양오염 관리)
5. 화학물질관리법(화학물질 관리)
6. 환경오염시설법(통합환경관리)

구체적으로, 제1장에서는 **국내 환경법의 체계와 환경규제 개요 등을 전반적으로 살펴보고, 개별 환경법에서 실무상 주로 다루어지는 주요 규제 내용과 리스크에 대하여 정리**하였다.

제2장에서 제7장까지는 「대기환경보전법」, 「물환경보전법」, 「폐기물관리법」, 「토양환경보전법」, 「화학물질관리법」, 「환경오염시설의 통합관리에 관한 법률(약칭: 환경오염시설법)」 등 기업 규제 6법과 관련한 환경 규제 체계 및 주요한 내용을 다루고, 이에 더하여 「환경범죄 등의 단속 및 가중처벌에 관한 법률(약칭: 환경범죄단속법)」 등을 다루었다.

즉, **대기/수질오염관리 등 전통적인 오염물질 배출과 관련한 규제사항 뿐만 아니라 폐기물과 토양오염관리에 관한 개별 법령의 주요 규제 내용 및 리스크**를 정리하였고, 비교적 **최근에 이슈가 되고 있는 화학물질관리, 통합환경관리 등에 대한 이해도를 높이기 위해 관계법령의 주요 내용 및 리스크**를 정리하였다.

마지막으로 제8장에서는 **환경규제와 관련한 주요 위반사항(환경규제 리스크) 및 그에 대한 대응 전략, 그리고 주요 환경법 판례를 소개**하였다.

2025년 11월

저자 김도형, 한수연, 김민경, 고은민 드림

C O N T E N T S

C O N T E N T S

표 목차

C O N T E N T S

그림 목차

기업환경규제 대응을 위한

'한눈에 쏙' 환경법

기업환경규제 대응을 위한

'한눈에 쏙' 환경법

I
환경법 개요

1 국내 환경법 체계

- 법은 단계적 구조를 가지고 있어, 상위법이 하위법의 효력 근거가 됨.
- 기본적으로 헌법 - 법률 - 시행령(대통령령) - 시행규칙(총리령, 부령)의 순서임.
- 특정 분야의 법률들이 발달하면 해당 분야의 중심이 되는 기본법이 만들어지기도 하는데, 가령 「행정기본법」, 「국세기본법」 등이 있음.
- 환경 분야에서도 개별 법률들이 발전, 분법화되면서 「환경정책기본법」이 만들어짐.
- 실무적으로 환경법 체계는, 헌법(제35조) - 환경정책기본법 - 개별 법률 - 시행령 - 시행규칙으로 구성되는데(아래 그림 1. 1. 참고), 환경법 체계가 복잡·방대해짐에 따라 환경정책기본법 아래 세부 영역에서도 「물관리기본법」, 「기후위기 대응을 위한 탄소중립·녹색성장 기본법」 등 기본법이 제정되기도 함.

[그림 1. 1.] 환경법 체계도

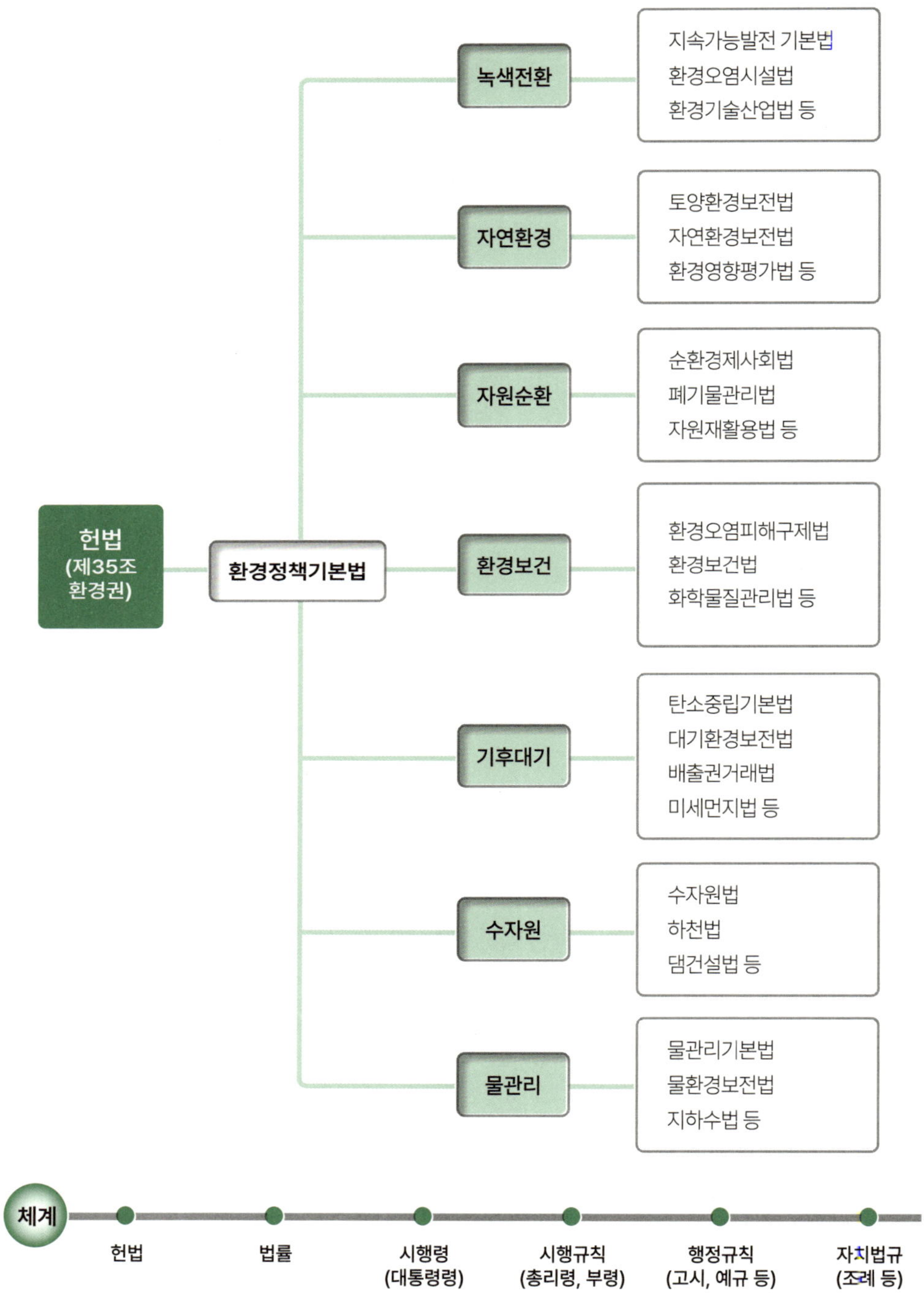
헌법
(제35조
환경권)
환경정책기본법
녹색전환
지속가능발전 기본법
환경오염시설법
환경기술산업법 등
자연환경
토양환경보전법
자연환경보전법
환경영향평가법 등
자원순환
순환경제사회법
폐기물관리법
자원재활용법 등
환경보건
환경오염피해구제법
환경보건법
화학물질관리법 등
기후대기
탄소중립기본법
대기환경보전법
배출권거래법
미세먼지법 등
수자원
수자원법
하천법
댐건설법 등
물관리
물관리기본법
물환경보전법
지하수법 등
체계
헌법
법률
시행령
(대통령령)
시행규칙
(총리령, 부령)
행정규칙
(고시, 예규 등)
자치법규
(조례 등)

2 그간의 입법/정책 동향

① 유년기(~ 1980년)

- 본격적인 경제개발 → 환경오염 대응 필요성 대두
- 수도법(1961. 12.), 공해방지법(1963. 11.)·시행규칙(1967. 5.) 제정
- 법적·행정적 기반 미흡, 환경피해 등 이슈 부각
- 보건사회부 보건위생과 → 환경위생과와 식품위생과로 분리되어 설치(1967. 2.)
- 공해방지법이 폐지되고 이를 대체하는 환경보전법 제정(1977. 12.)

② 성장기(1980 ~ 1999)

- 중화학 공업중심 경제개발 → 울산 온산병 확산(1980년대 초), 낙동강페놀사건 발생(1991. 3.) 등 환경오염 심화로 환경정책 강화 필요
- 환경청 발족(1980. 1.) → 환경처 승격(1990. 1.) → 환경부 승격(1994. 12.)
- 폐기물관리법 제정(1986. 12.)
- 헌법 환경권(제35조) 규정(1987. 10.)
- 환경보전법이 환경정책기본법, 대기환경보전법, 수질환경보전법, 소음·진동규제법, 유해화학물질관리법, 환경분쟁조정법 등 6개법으로 분법화됨(1990. 8.)
- 자원재활용법(1992. 12.), 토양환경보전법(1995. 1.) 제정

③ 발전기·성숙기(2000년 ~)

- 오염물질 사후처리 → 사전예방, 저탄소 녹색성장 등 중심으로 환경정책 전환 필요성 대두
- 낙동강수계 등 수질개선을 위한 법률 제정(2002. 1.)
- 수도권대기환경개선에 관한 특별법(2003. 12.), 환경분야 시험·검사 등에 관한 법률(2006. 10.) 제정
- 수질 및 수생태계 보전에 관한 법률 제정(2007. 8.)
- 지속가능발전 기본법(2007. 8.), 저탄소 녹색성장 기본법(2010. 1.) 제정

④ 변화기(2010년 ~)

- 구미 불산, 가습기 살균제, 석면 등 환경오염 피해/사고 등 주요 이슈/사회문제 부각
- 석면피해구제법(2010. 3.), 환경기술산업법(2011. 4.), 배출권거래법(2012. 5.), 화학물질등록평가법 (2013. 5.), 화학물질관리법(2013. 6.) 제정
- 환경오염피해 구제법(2014. 12.), 자원순환기본법(2016. 5.), 물환경보전법(2017. 1.), 화학제품안전법(2018. 3.) 제정
- 물관리기본법(2018. 6.), 미세먼지법(2018. 8.), 대기관리권역법(2019. 4.), 탄소중립기본법(2021. 9.), 순환경제사회 전환 촉진법(2022. 12.) 등 제정

3 최근 입법 현황

[표 1-1] 2010년대 이후 환경 분야 주요 법률 제정·시행 현황

법률명	제정일자	시행일자	분야
화학물질의 등록 및 평가에 관한 법률	2013. 05. 22.	2015. 01. 01.	화학물질
화학물질관리법	2013. 06. 04.	2015. 01. 01.	화학물질
환경오염피해 배상책임 및 구제에 관한 법률	2014. 12. 31.	2016. 01. 01.	환경피해구제
환경오염시설의 통합관리에 관한 법률	2015. 12. 22.	2017. 01. 01.	통합환경관리
가습기살균제 피해구제를 위한 특별법	2017. 02. 08.	2017. 08. 09.	화학물질
자원순환기본법	2016. 05. 29.	2018. 01. 01.	자원순환
화학제품안전법	2018. 03. 20.	2019. 01. 01.	화학물질
미세먼지 저감 및 관리에 관한 특별법	2018. 08. 14.	2019. 02. 15.	대기, 미세먼지
물관리기본법	2018. 06. 12.	2019. 06. 13.	수질
대기관리권역의 대기환경개선에 관한 특별법	2019. 04. 02.	2020. 04. 03.	대기
탄소중립·녹색성장 기본법	2021. 09. 24.	2022. 03. 25.	탄소중립
순환경제사회 전환 촉진법 (구 자원순환기본법)	2022. 12. 31.	2024. 01. 01.	순환경제

4 주요 기본법 개관

환경법 체계에서 기본법은 ① 환경정책의 기본적인 사항을 규정하는 「환경정책기본법」, ② 2050년 탄소중립 달성 관련 「탄소중립기본법」, ③ 순환경제(Circular economy) 실현 관련 「순환경제사회법(구 자원순환기본법)」 등이 있는데, 각 기본법을 입법 목적과 정의 규정을 중심으로 개관하면 다음과 같음.

(1) 환경정책기본법

1) 입법 목적(제1조)

환경보전에 관한 국민의 권리·의무와 국가의 책무를 명확히 하고 환경정책의 기본 사항을 정하여 환경오염과 환경훼손을 예방하고 환경을 적정하고 지속가능하게 관리·보전함으로써 모든 국민이 건강하고 쾌적한 삶을 누릴 수 있도록 함을 목적으로 함.

2) 정의 규정(제3조)

(가) "환경"을 "자연환경"과 "생활환경"으로 구분

환경

- 자연환경 → 지하·지표(해양을 포함) 및 지상의 모든 생물과 이들을 둘러싸고 있는 비생물적인 것을 포함한 자연의 상태(생태계 및 자연경관을 포함) (제2호)
- 생활환경 → 대기, 물, 토양, 폐기물, 소음·진동, 악취, 일조(日照), 인공조명, 화학물질 등 사람의 일상생활과 관계되는 환경(제3호)

(나) 그 외 "환경"에 관한 용어 규정

환경오염	**사업활동 및 그 밖의 사람의 활동에 의하여 발생**하는 대기오염, 수질오염, 토양오염, 해양오염, 방사능오염, 소음·진동, 악취, 일조 방해, 인공조명에 의한 빛공해 등으로서 사람의 건강이나 환경에 피해를 주는 상태(제4호)
환경훼손	야생동식물의 남획(濫獲) 및 그 서식지의 파괴, 생태계질서의 교란, 자연경관의 훼손, 표토(表土)의 유실 등으로 자연환경의 본래적 기능에 중대한 손상을 주는 상태(제5호)
환경보전	환경오염 및 환경훼손으로부터 환경을 보호하고 오염되거나 훼손된 환경을 개선함과 동시에 쾌적한 환경 상태를 유지·조성하기 위한 행위(제6호)
환경용량	일정한 지역에서 환경오염 또는 환경훼손에 대하여 환경이 스스로 수용, 정화 및 복원하여 환경의 질을 유지할 수 있는 한계(제7호)
환경기준	국민의 건강을 보호하고 쾌적한 환경을 조성하기 위하여 국가가 달성하고 유지하는 것이 바람직한 환경상의 조건 또는 질적인 수준(제8호)

3) 다른 법률과의 관계(제6조의2)

환경정책에 관한 다른 법령 등을 제정하거나 개정하는 경우에는 이 법의 목적과 기본이념에 부합하도록 하여야 함.

(2) 탄소중립기본법

1) 입법 목적(제1조)

기후위기의 심각한 영향을 예방하기 위하여 ① 온실가스 감축 및 ② 기후위기 적응대책을 강화하고 ③ 탄소중립 사회로의 이행 과정에서 발생할 수 있는 경제적·환경적·사회적 불평등을 해소하며 ④ 녹색기술과 녹색산업의 육성·촉진·활성화를 통하여 경제와 환경의 조화로운 발전을 도모함으로써, 현재 세대와 미래 세대의 삶의 질을 높이고 생태계와 기후체계를 보호하며 국제사회의 지속가능발전에 이바지하는 것을 목적으로 함.

2) 정의 규정(제2조)

기후변화	사람의 활동으로 인하여 온실가스의 농도가 변함으로써 상당 기간 관찰되어 온 자연적인 기후변동에 추가적으로 일어나는 기후체계의 변화(제1호)
탄소중립	대기 중에 배출·방출 또는 누출되는 온실가스의 양에서 온실가스 흡수의 양을 상쇄한 순배출량이 영(零)이 되는 상태를 말함(제3호)
온실가스	적외선 복사열을 흡수하거나 재방출하여 온실효과를 유발하는 대기 중의 가스 상태의 물질로서 이산화탄소(CO2), 메탄(CH4), 아산화질소(N2O), 수소불화탄소(HFCs), 과불화탄소(PFCs), 육불화황(SF6) 및 그 밖에 대통령령으로 정하는 물질(제5호)
온실가스 배출	사람의 활동에 수반하여 발생하는 온실가스를 대기 중에 배출·방출 또는 누출시키는 **직접배출**과 다른 사람으로부터 공급된 전기 또는 열(연료 또는 전기를 열원으로 하는 것만 해당한다)을 사용함으로써 온실가스가 배출되도록 하는 **간접배출**(제6호)

3) 다른 법률과의 관계(제6조)

탄소중립 사회로의 이행과 녹색성장의 추진에 관하여 다른 법률에 특별한 규정이 있는 경우를 제외하고는 이 법에서 정하는 바에 따름.

(3) 순환경제사회법

1) 입법 목적(제1조)

생산·유통·소비 등 제품의 전 과정에서 자원을 효율적으로 이용하고 폐기물의 발생을 최대한 억제하며 발생된 폐기물의 순환이용을 촉진하여 지속가능한 순환경제사회를 만드는 데 기여함을 목적으로 함.

2) 정의 규정(제2조)

순환경제

제품의 지속가능성을 높이고 버려지는 자원의 순환망을 구축하여 투입되는 자원과 에너지를 최소화하는 친환경 경제 체계(제2조 제1호)

순환이용

1. 사람의 생활이나 산업활동에서 사용된 물질 또는 물건을 다시 자원으로 재사용 및 재생이용하는 등 환경부령으로 정하는 일련의 활동(제3호 가목)
2. 폐기물로부터 「에너지법」 제2조제1호에 따른 에너지를 회수하거나 회수할 수 있는 상태로 만드는 활동(제3호 나목)

자원순환

환경정책상의 목적을 달성하기 위하여 폐기물의 발생을 억제하고 발생된 폐기물을 순환이용하는 등 자원의 순환과정을 환경친화적으로 이용·관리하는 것(제6호)

3) 다른 법률과의 관계(제4조)

- 순환경제사회 전환 촉진에 관하여 다른 법률에 특별한 규정이 있는 경우를 제외하고는 이 법에서 정하는 바에 따름(제1항).
- 순환경제사회 전환 촉진에 관련되는 다른 법률을 제정하거나 개정하는 경우에는 이 법의 목적과 기본원칙에 부합되게 함(제2항).

NOTE

5 환경규제와 환경구제

환경법의 범위는 환경오염의 사전 예방을 위한 환경규제와 이미 발생된 환경오염 피해 등에 대한 환경구제로 구분할 수 있음.

(1) 환경규제

1) 환경규제의 원칙 및 법적 근거

- 환경규제도 행정규제의 일종으로서, 행정규제기본법, 행정기본법 등에서 규정하고 있는 규제의 원칙, 비례의 원칙 등에 부합해야 하고 그 집행 등에 있어서 행정절차법 등 관계법령을 준수해야 함.
- 환경정책기본법에 환경보전을 위한 환경규제의 법적 근거 조항이 있음.

(가) 행정규제기본법 제5조 규제의 원칙

- 국가나 지방자치단체는 국민의 자유와 창의를 존중하여야 하며, 규제를 정하는 경우에도 그 본질적 내용의 침해는 금지됨(제1항).
- 국가나 지방자치단체가 규제를 정할 때에는 국민의 생명·인권·보건 및 환경 등의 보호와 식품·의약품의 안전을 위한 실효성이 있는 규제여야 함(제2항).
- 규제의 대상과 수단은 규제의 목적 실현에 필요한 최소한의 범위에서 가장 효과적인 방법으로 객관성·투명성 및 공정성이 확보되도록 설정되어야 함(제3항).

(나) 행정기본법 제10조 비례의 원칙

> 1. 행정목적을 달성하는 데 유효하고 적절할 것(목적의 정당성, 수단의 적절성).
> 2. 행정목적을 달성하는데 필요한 최소한도에 그칠 것(침해의 최소성).
> 3. 행정작용으로 인한 국민의 이익 침해가 그 행정작용이 의도하는 공익보다 크지 아니할 것(법익의 균형성).

* **제재처분의 제척기간:** 법령등의 위반행위가 종료된 날부터 5년 경과 시 제재처분(인허가의 정지·취소·철회, 등록 말소, 과징금 부과) 불가(제23조 제1항)

(다) 환경정책기본법 제30조(환경보전을 위한 규제 등)

– 정부는 환경보전을 위하여 대기오염·수질오염·토양오염 또는 해양오염의 원인이 되는 물질의 배출, 소음·진동·악취의 발생, 폐기물의 처리, 일조의 침해 및 자연환경의 훼손에 대하여 필요한 규제를 하여야 함(제1항).

환경법규 위반에 따른 제재처분시 고의·과실 불요

> 환경법규 위반시, 행정 목적의 효율적 달성, 예방적 효과 등을 위해 위반자에게, **고의나 과실이 없음을 정당화할 수 있는 특별한 사정이 있는 경우***를 제외하고는 제제처분을 부과하는 것이 원칙임(대법원 2020두36742판결)
>
> * 법령 개정 사실을 알지 못하여 의무를 위반한 경우, 천재지변이나 불가항력적인 사유 등

2) 환경규제의 특징

환경규제의 특징은 아래 3가지 정도로 정리할 수 있음.

(가) 규제의 '홍수'

– 환경 매체(대기, 수질, 폐기물 등)/분야(자원순환, 화학물질 등)별 다양화 및 세분화

※ 환경부 소관 법률은 약 85개(타부처 공동 포함, 2025년 6월 기준)

- 폐기물, 화학물질 등 법령간 중복/상충 등 우려

※ 환경부 소관법령 중 규제항목은 1,105개, 시행령 729개, 시행규칙 1,300개, 행정규칙 695개 (출처: 기업현장 방문을 통한 환경규제 합리화 방안 연구, 2019년 10월)

(나) 규제의 '예측 불가능성'

- 입법 후 하위법령(시행령/시행규칙, 고시 등) 제·개정/시행 기간 상이
- 기업의 대응 인력 및 시설/장비, 기술/시험·인증 절차 등 미흡하여 규제 대응에 취약

(다) 규제의 '경직성'

- 인·허가, 시설/배출 기준 등 전 주기 규제, 최근 지도·개선 보다는 처벌 증가 경향
- 입법(취지, 내용 등)과 실제 집행과의 괴리, 정부(규제당국)-기업간 실질적 소통 부족

3) 환경규제의 기본체계

기업의 제조/생산 활동 전반에 있어서 환경규제가 적용될 수 있음. '기업 환경규제 6법' 관련 기본적인 규제 체계는 그림 1.2와 같음. 환경법 체계에서는 기업의 제조/생산 시설(사업장, 공장 등)에서 오염물질을 배출하는 경우 기본적으로 "배출시설"로 규정되어 규제 대상이 됨(예외적인 경우 제외).

- 예컨대, 기업의 배출시설에서 대기 또는 공공수역으로 오염물질을 배출하는 경우 대기환경보전법, 물환경보전법의 적용을 받을 수 있음. 기업에서 화학물질(특히 유해화학물질)을 사용하는 경우 화학물질관리법, 원재료 및 물질 등의 사용으로 폐기물이 발생하는 경우 폐기물관리법의 적용을 받을 수 있음.

- 그 외에도 일정 규모이상의 오염물질을 배출하는 기업의 경우 통합환경 관리를 위한 환경오염시설법의 적용을 받을 수도 있음(제7장 내용 참조).

[그림 1. 2.] '기업 환경 규제 6법' 관련 기본적인 규제 체계

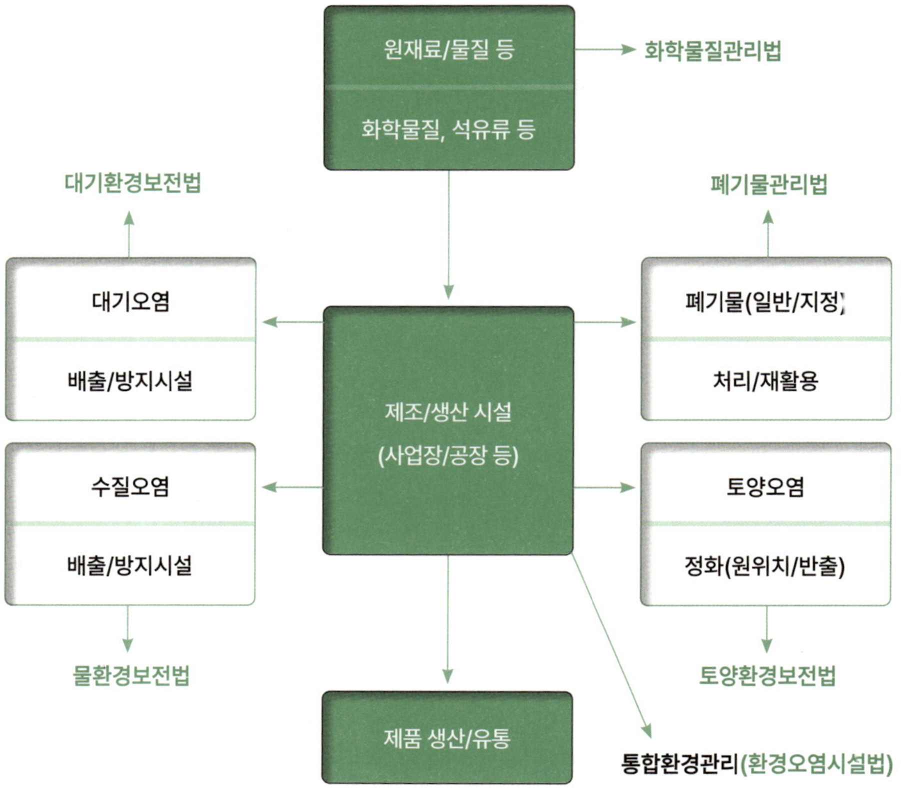

4) 환경규제 수단

(가) 환경규제 수단은 크게 "행정제재"와 "행정벌"로 구분됨. 행정제재와 행정벌의 종류는 그림 1. 3.과 같음.

	행정제재	행정벌
의의	의무위반시 행정목적 실현을 위해 행정청이 부과하는 제재적 처분(고의·과실 불요)	행정법상 의무위반을 이유로 **형벌법규**에 따라 부과되는 벌(고의·과실 필요)
주체	행정청(지방/유역 환경청 및 지자체 등)	형사법원
절차	행정절차를 따름	형사절차를 따름 1) 행정형벌[행정청(공무원) 고발 → 정식재판] 2) 행정질서벌(행정청이 부과 → 이의제시기 과태료재판)

[그림 1. 3.] 행정제재와 행정벌의 종류

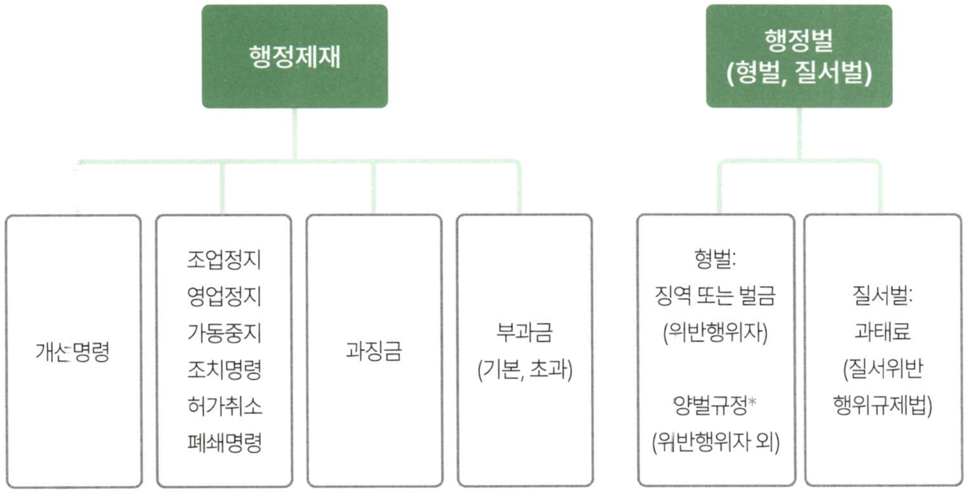

* **양벌규정:** 법인의 대표자나 법인 또는 개인의 대리인, 사용인, 그 밖의 종업원이 그 법인 또는 개인의 업무에 관하여 위반행위를 하면 그 행위자를 벌하는 외에 그 법인 또는 개인도 처벌하는 규정(단, 상당한 주의와 감독을 게을리하지 아니한 경우 제외)

(나) 조업정지와 영업정지의 구분

① 조업정지(대기환경보전법, 물환경보전법 등)

- "조업"이란 사전적으로는 기계 따위를 움직여 일을 하는 것을 의미하고, 기계, 설비 등을 동작시키는 것으로서, 시설의 개념이 전제되어 있음.
- 배출/방지시설 등에 대하여 운전 등을 정지하도록 하는 행정처분

▶ 조업정지의 대상 및 처분단위는 시설 등이므로 전부 또는 일부 가동 정지 가능

② 영업정지(화학물질관리법, 폐기물관리법 등)

- "영업"이란 영리를 목적으로 하는 사업 또는 행위로서, "영리성"이라는 개념을 포함하나, 시설 등 특정한 대상이 전제되어 있지는 않음.
- 영업정지는 허가, 신고 등을 한 영업에 대하여 인허가권자(환경청, 지자체 등)가 대상영업을 정지하도록 하는 행정처분

※ 특별한 사정이 없는 한 영업정지의 대상 및 처분 단위는 허가, 신고 등을 한 소관 법령상 영업 대상/단위별로 각각 처분이 이루어짐.

▶ 위법의 영향이 사업장 전체/일부에 미치는지를 고려하여 전부 또는 일부 정지 가능

(다) 조업정지 · 영업정지 등 행정처분과 과징금의 부과

① 조업정지 · 영업정지 등 행정처분

- 일반적으로 시행규칙 [별표] 등에서 ① 위반행위의 누적 횟수에 따른 행정처분의 기준, ② 가중·감경 사유 및 기준 등을 정함.

※ 예시: 화학물질관리법 시행규칙 [별표 7] 일부 발췌

위반사항	근거법령	행정처분 기준			
		1차 위반	2차 위반	3차 위반	4차 이상 위반
하. 법 제26조제1항을 위반하여 취급시설 및 장비 등을 점검하지 않거나 그 결과를 5년간 기록 · 비치하지 않은 경우	법 제34조의2제6호, 법 제35조 제2항제12호	개선 명령	경고	영업 정지 5일	영업 정지 1개월

② 과징금

- 주민의 생활, 대외적인 신용, 고용, 물가 등 국민경제 또는 그 밖의 공익에 현저한 지장을 줄 우려가 있는 경우, 조업정지 또는 영업정지 처분을 갈음하여 과징금을 부과할 수 있음.

- 개별 환경법에서 과징금은 사업자 또는 사업장에 부과할 수 있는 것으로 달리 규정하므로, 관련 정의 규정 또는 적용 조항의 문맥상 의미 등을 고려하여 판단해야 함.

※ 가령, 화학물질관리법에서는 각 사업장별로 해당 관할구역의 유역/지방환경청에서 영업허가를 받도록 되어 있기 때문에, 영업정지처분은 사업장 단위로 함. 그런데 과징금은 '사업자'(단일/복합 사업장*)의 연간 매출액을 기준으로 부과함.

* "사업장"이란 인적 설비 또는 물적 설비를 갖추고 사업 또는 사무가 이루어지는 장소(사업소를 포함)를 말함(화학물질관리법 시행령 제14조, [별표1] 제1호 마목).

(2) 환경구제

- 환경오염 피해 등에 대한 주요한 구제수단은 공법상 구제와 사법상 구제로 구분할 수 있음(그림 1.4).
- 공법상 구제는 대표적으로 환경분쟁조정, 행정쟁송(행정심판, 행정소송) 등이 있음. 행정심판은 '행정심판위원회'를 통해 신청하는 것으로서 단심제이고, 불복 시 행정소송을 제기할 수 있음(행정심판법), 반면에 행정소송은 3심제이고 법원에서 소송을 제기하는 것임(행정소송법).
- 행정소송의 예로는, 대표적으로 환경규제(행정처분 등) 관련 취소소송 및 집행정지 신청 소송 등이 있음.
- 한편 사법상 구제는 행정법원이 아닌 민사법원에서 소송을 제기하는 것으로서 손해배상 청구 등이 있음.

NOTE

[그림 1. 4.] 환경 구제수단의 구분(출처: 김홍균, 환경법연습 내용 참조 및 재구성)

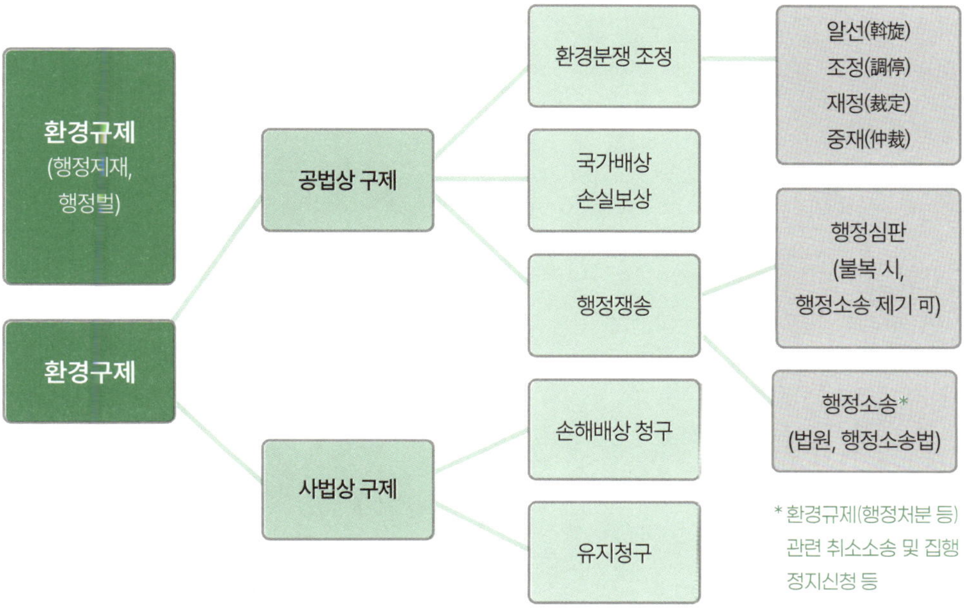

NOTE

기업환경규제 대응을 위한

'한눈에 쏙' 환경법

II
대기오염 관리(대기환경보전법)

1 기후대기 분야 법 체계

국내 기후대기 분야의 주요 법률은 그림 2. 1.과 같은데, 본 장에서는 '기업 환경 규제 6법' 관련 대기환경보전법의 주요한 내용만 다루고자 함.

[그림 2. 1.] 기후대기 분야 법 체계

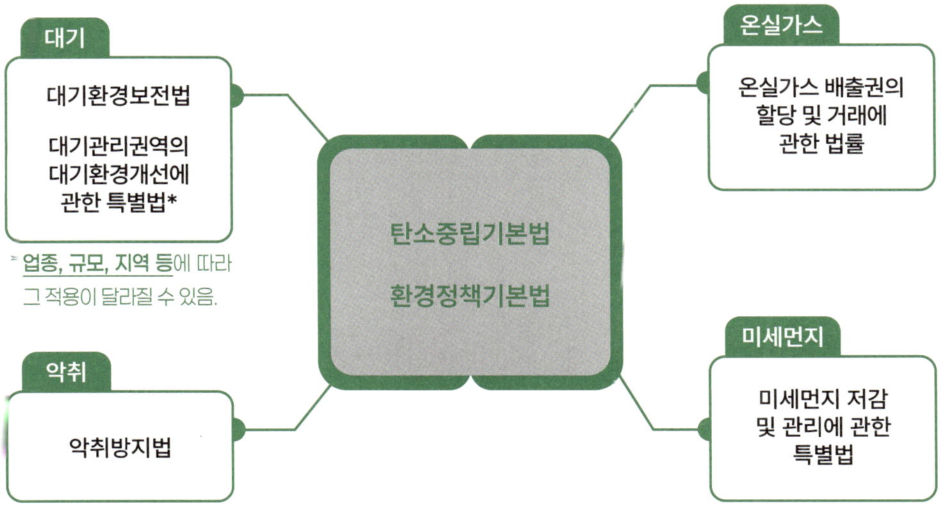

2 대기환경보전법의 체계 개관

(1) 조문 체계

대기환경보전법의 조문 체계는 아래 그림 2. 2.와 같음. 제1장 총칙(제1조~제15조)부터 제7장 벌칙(제89조~제95조)로 구성되는데, 제2장 사업장 배출 규제(제16조~제30조) 및 제7장 벌칙 등에 주로 기업에 대한 환경규제 사항이 규정되어 있음.

[그림 2. 2.] 대기환경보전법의 조문 체계

제1장 총칙
(제1조~제15조)

- 목적
- 정의
- 상시측정 등
- 측정망설치계획의 결정 등
- 토지등의 수용 및 사용
- 다른 법률과의 관계
- 대기오염물질에 대한 심사 · 평가
- 대기오염에 대한 경보
- 기후 · 생태계 변화 유발물질 배출 억제
- 대기순환 장애의 방지
- 대기환경개선종합계획의 수립 등
- 장거리이동대기오염물질피해 방지 등을 위한 국제협력

제2장 사업장 배출 규제
(제16조~제40조)

- 배출허용기준
- 대기오염물질의 배출원 및 배출량조사
- 총량규제
- 시설 설치 허가 및 신고
- 허가 등의 의제
- 사업장의 분류
- 방지시설의 설치 등
- 권리와 의무의 승계 등
- 방지시설 설계와 시공
- 공동 방지시설 설치 등
- 가동개시 신고
- 배출/방지시설의 운영
- 측정기기의 부착 등
- 측정기기 관리대행업의 등록
- 측정기기 관리대행업의 등록취소 등
- 개선명령
- 조업정지명령 등
- 배출부과금 부과 · 징수
- 배출부과금의 감면 등
- 배출부과금의 조정 등
- 배출부과금의 징수유예 · 분할납부 및 징수절차
- 허가의 취소 등
- 과징금 처분
- 위법시설에 대한 폐쇄조치 등
- 비산배출시설의 설치 신고 등
- 자가측정
- 환경기술인

제3장생활환경배출규제(제41조~제45조)

- 연료의 황함유 기준
- 제조 사용 등의 규제
- 비산먼지의 규제
- 휘발성유기화합물의 규제 등

제4장 자동차·선박 배출 규제
(제46조~제76조)

- 제작차배출허용기준 등
- 기술개발 등 지원
- 제작차에 대한 인증
- 인증시험업무의 대행
- 인증시험대행기관의 지정 취소 등
- 과징금 처분
- 인증의 양도·양수 등
- 배출허용기준 검사 등
- 자동차의 평균 배출량 등
- 결함 확인검사 및 시정
- 부품의 결함시정
- 부품의 결함 보고 및 시정
- 배출가스 정보관리 전산망
- 인증의 취소
- 과징금 처분
- 운행차배출허용기준
- 저공해자동차의 운행 등
- 공회전의 제한
- 저감장치 및 제한장치 인증
- 운행차의 수시점검 등

제5장 자동차 온실가스 배출관리
(제76조의2~제76조의8)

- 자동차 온실가스 배출허용기준 등

제5장의2 냉매의 관리
(제76조의9~제76조의15)

- 냉매의 관리기준 등

제6장 보칙
(제77조~제88조)

- 환경기술인 교육 등
- 행정처분기준 등(제84조)
- 청문(제85조)

제7장 벌칙
(제89조~제95조)

- 벌칙(제89~93조)
- 과태료(제94조)
- 양벌규정(제95조)

(2) 대기 배출 규제 및 관리 체계

- 대기환경보전법은 제조·생산을 통하여 대기로 오염물질을 배출하는 사업장을 규제하기 위하여, 단순히 대기오염물질 배출허용기준을 정할 뿐만 아니라, 시설의 설치 허가 및 신고부터, 시설의 설치, 시설의 운영 등 전주기·과정을 규율함(그림 2. 3.).

[그림 2. 3.] 대기환경보전법의 배출 규제 및 관리 체계

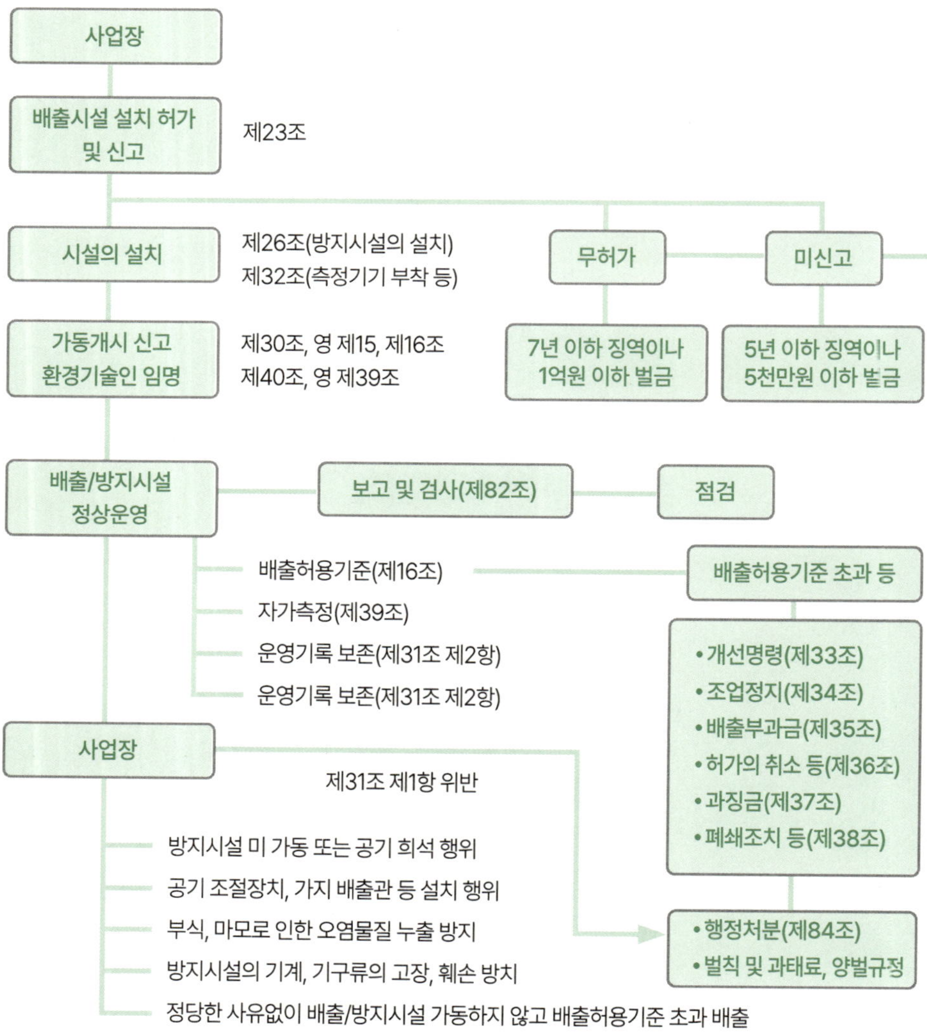

– 배출허용 기준 초과, 배출/방지시설의 부적정 운영 등 대기 배출 규제 및 관리 체계를 위반하는 경우 행정제재 및 행정벌이 부과될 수 있음[표 2-1].

[표 2-1] 대기환경보전법상 행정제재 및 행정벌

구분	내용	근거
벌칙	징역 또는 벌금	제89조(7년, 1억원)~제93조(200만원)
행정처분	개선명령(배출허용기준 초과) 조업정지명령 허가취소 폐쇄명령 행정처분 기준	제33조 제34조 제36조 제38조 제84조
부과금/과징금	배출부과금(기본*, 초과**) 과징금(매출액 100분의 5이하)***	제35조 제37조
과태료	경미한 위반	제94조(500~50만원)
양벌규정	업무 관련 위반행위자 외 법인 또는 개인(대표 등) 벌금형	제95조 (제89~제93조 위반시)

* 사업자가 배출허용기준 이하로 배출하는 대기오염물질의 배출량 및 배출농도 등에 따라 부과하는 금액

** 배출허용기준을 초과하여 배출하는 경우 대기오염물질의 배출량과 배출농도 등에 따라 부과하는 금액

*** 국민경제에 지장을 줄 우려가 있다고 인정되는 경우 등 조업정지처분을 갈음하여 과징금을 부과할 수 있음

3 주요 규제 내용

(1) 규율 대상: 대기오염물질과 대기오염물질배출시설

1) 대기오염물질

대기환경보전법에서 규율하는 대상인 "대기오염물질" 중의 일부는 "유해성대기감시물질"로, "유해성대기감시물질' 중 일부는 "특정대기유해물질"로 지정됨[표 2-2].

[표 2-2] 대기오염물질 / 유해성대기감시물질 / 특정대기유해물질

대기오염물질 (법 제2조 제1호, 시행규칙 제2조, [별표 1])	유해성대기감시물질 (법 제2조 제1호의2, 시행규칙 제2조의2, [별표 1의2])	특정대기유해물질 (법 제2조 제9호, 시행규칙 제4조, [별표 2])
대기 중에 존재하는 물질 중 대기오염의 원인으로 인정된 가스·입자상물질	대기오염물질 중 사람의 건강이나 동식물의 생육(生育)에 위해를 끼칠 수 있어 지속적인 측정이나 감시·관찰 등이 필요하다고 인정된 물질	유해성대기감시물질 중 저농도에서도 장기적인 섭취나 노출에 의하여 사람의 건강이나 동식물의 생육에 직접 또는 간접으로 위해를 끼칠 수 있어 대기 배출에 대한 관리가 필요하다고 인정된 물질
입자상물질, 브롬 및 그 화합물, 일산화탄소, 암모니아 등 64개 항목	카드뮴 및 그 화합물, 시안화수소, 납 및 그 화합물, 폴리염화비페닐, 크롬 및 그 화합물 등 43개 항목	프로필렌 옥사이드, 염소 및 염화수소, 불소화물, 석면 등 35개 항목

2) 대기오염물질배출시설

대기오염물질을 대기에 배출하는 시설물, 기계, 기구, 그 밖의 물체로서 환경부령으로 정하는 것 (법 제2조 제11호, 시행규칙 제5조, [별표 3])

시행규칙 [별표 3]에서 ① 배출시설 적용기준과 ② 배출시설 분류를 정함[1].

① 배출시설 적용기준: 일정규모 이상의 시설에 한하여 적용

※ 배출시설의 규모는 중량·면적·용적·열량·동력(kW) 등으로 하되 최대 시설 규모를 말함

② 배출시설 분류: 업종별 대상 배출시설을 세분화

2020년 1월 1일부터 적용되는 시설의 경우, 1) 섬유제품 제조시설 ~ 36) 입자상물질 및 가스상물질 발생시설과 37) 그 밖의 시설(배출허용기준이 설정된 대기오염물질을 제조하거나 해당 대기오염물질을 발생시켜 배출하는 모든 시설. 다만, 대기오염물질이 해당 물질 배출허용기준의 30퍼센트 미만으로 배출되는 시설은 제외)로 구분.

2020년 1월 1일부터 적용되는 배출시설의 분류(시행규칙 제5조, [별표3]) 예시

배출시설	대상 배출시설
8) 기초유기화합물 제조시설	가) 용적이 1세제곱미터 이상인 다음의 시설 (1) 반응시설 (2) 흡수시설 (3) 응축시설 (4) 정제시설(분리·증류·추출·여과시설을 포함한다) (5) 농축시설 (6) 표백시설

1) 2019년 12월 31일까지 적용되는 배출시설과 2020년 1월 1일부터 적용되는 배출시설은 다르다는 점에 유의

나) 용적이 1세제곱미터 이상이거나 연료사용량이 시간당 30킬로그램 이상인 다음의 시설
(1) 용융·용해시설
(2) 소성시설
(3) 가열시설
(4) 건조시설
(5) 회수시설
(6) 연소시설(중질유 분해시설의 일산화탄소 소각시설 및 황 회수장치의 부산물 연소시설을 포함한 기초유기화합물 제조시설의 연소시설만 해당한다)
(7) 촉매재생시설
(8) 황산화물제거시설

다) 37.5킬로와트 이상인 성형(成形)시설[압출(壓出), 압연(壓延) 또는 사출(射出)방법에 의한 시설포함]

(2) 규제 1: 배출허용기준 준수

대기오염물질을 배출허용농도 기준 이하로 배출하여야 하고, 이를 위반시 행정제재 및 행정벌의 대상이 됨(아래에서는 법 제16조 위반에 대하여만 다루고, 배출·방지시설의 비정상적 가동으로 인하여 배출허용기준을 초과함으로써 법 제31조 제1항 제5호를 위반하는 행위에 대하여는 뒤에서 서술함).

1) 배출허용기준

대기오염물질배출시설에서 나오는 대기오염물질의 배출허용기준은 환경부령으로 정함(법 제16조 제1항, 시행규칙 제15조, [별표 8]).

① 배출허용기준 매 5년마다 강화(예고제 채택): 1991년 신설, 2010년/2015년/2020년 강화

※ 19년부터 강화: 석유정제 가열시설, 시멘트 소성시설, 100MW이상 화력발전(고체) 등

② 대상사업장: 법 제23 조에 따라 인·허가를 받은 모든 대기배출사업장(예외 규정 없음)

③ 관리대상 물질([별표 8], 제2호) (2020년 1월 1일부터 적용)

1) 가스상 물질(34종)/입자상 물질(11종)

2) 특정대기유해물질(연간 10톤 이상 배출 사업장) – 가스상 물질(19종)/입자상 물질(6종)

※ 일반적인 배출허용기준 외에 예외인정 허용기준(물질별, 시설별) 등 확인 필요

사업장 총량관리제 (대기관리권역의 대기환경개선에 관한 특별법 제3장)

- 사업장에 연도별로 대기오염물질 배출허용총량을 할당하고, 이를 준수하도록 관리하는 제도임.
- 배출허용기준은 사후적으로 대기오염물질의 배출농도를 관리하는 것이고, 사업장 총량 관리제는 배출총량을 기준으로 관리하는 사전 예방적 관리제도라는 차이가 있음.

2) 배출허용기준 위반에 따른 행정처분

행정처분의 근거 조항은 법 제33조, 제34조, 제36조이고, 구체적인 기준은 시행규칙 제134조 제1항, [별표 36]에서 정하고 있는데, 일반기준과 개별기준으로 구분됨.

① 일반기준

- (위반행위 건수) 위반행위가 두 가지 이상인 경우에는 각 위반사항에 따라 각각 처분

- (위반행위 횟수) (i) 최근 1년(매연을 제외하고 배출시설 및 방지시설 등과 관련된 경우 최근 2년) 간 같은 위반행위로 행정처분을 받은 횟수를 기준으로 차수 적용, (ii) 위반횟수는 배출구별로 산정

② 개별기준

위반사항	근거법령	행정처분기준			
		1차	2차	3차	4차
7) 법 제30조에 따른 가동개시신고를 하고 가동 중인 배출시설에서 배출되는 대기오염물질의 정도가 배출시설 또는 방지시설의 결함·고장 또는 운전미숙 등으로 인하여 법 제16조에 따른 배출허용기준을 초과한 경우	법 제33조 법 제34조 법 제36조				
가) 환경정책기본법」 제22조에 따른 특별대책지역 외에 있는 사업장인 경우		개선명령	개선명령	개선명령	조업 정지
나) 「환경정책기본법」 제22조에 따른 특별대책지역 안에 있는 사업장인 경우		개선명령	개선명령	조업정지	허가취소/폐쇄

*비고:

1. 개선명령 및 조업정지기간은 그 처분의 이행에 따른 시설의 규모, 기술능력, 기계·기술의 종류 등을 고려하여 정하되, 영 제20조에 따른 기간을 초과하여서는 아니됨.
2. (생략)

3. 7)의 경우에는 조업정지 기간은 조업정지처분에 명시된 조업정지일부터, 해당 시설의 개선완료일까지로 함.

4. 7)가)의 위반행위를 5차 이상 한 자에 대하여는 이전 위반 시의 처분에 더하여 추가위반행위를 하였을 때마다 조업정지 10일을 가산함.

3) 배출허용기준 위반에 따른 벌칙

[표 2-3] 배출허용기준 관련 위반 사항 및 벌칙

<table>
<tr><th>위반 사항</th><th>벌칙</th><th>근거 조항</th></tr>
<tr><td>배출허용기준 초과에 따른 조업정지명령을 위반하거나 조치명령을 이행하지 아니한 경우</td><td rowspan="2">7년 이하의 징역이나 1억원 이하의 벌금</td><td>법 제89조 제4호</td></tr>
<tr><td>배출허용기준 초과에 따른 배출시설의 폐쇄나 조업정지에 관한 명령을 위반한 자</td><td>법 제89조 제5호</td></tr>
<tr><td colspan="2">양벌규정
-법인의 대표자나 법인 또는 개인의 대리인, 사용인, 그 밖의 종업원이 그 법인 또는 개인의 업무에 관하여 위반행위를 하면 그 행위자를 벌하는 외에 그 법인 또는 개인에게도 해당 조문의 벌금형을 과함. 다만, 법인 또는 개인이 그 위반행위를 방지하기 위하여 해당 업무에 관하여 상당한 주의와 감독을 게을리하지 아니한 경우에는 그러하지 아니함.</td><td>법 제95조</td></tr>
</table>

(3) 규제 2: 배출시설 설치 허가 · 신고

- 배출시설에 대해 시설의 설치, 가동 등 전에 설치 허가 · 신고 등 인허가를 받도록 규정하고 있음.

- 또한 특별한 요건에 해당하는 경우 배출시설의 설치 자체를 제한하는 것도 규정하고 있는데, 설치제한과 관련해서는 실무적으로 동법 외에 '국토계획법', '개발제한구역법', '수도권정비계획법', '산업집적법', '산업입지법', '농지법', '산림법' 등 다른 법률도 검토할 필요가 있음.

1) 설치 허가 · 신고 (법 제23조 제1항, 시행령 제11조)

배출시설을 설치하려는 자는 대통령령으로 정하는 바에 따라 시 · 도지사의 허가를 받거나 시 · 도지사에게 신고하여야 함[표 2-4].

[표 2-4] 대기오염물질 배출시설 허가·신고 대상

허가	신고
1. 특정대기유해물질이 환경부령*으로 정하는 기준 이상으로 발생되는 배출시설 * 시행규칙 제24조의2, [별표 8의2] 2. 「환경정책기본법」 제 38 조에 따라 지정 · 고시된 특별대책지역**에 설치하는 배출시설 ※ 특정대기유해물질을 배출하지 아니하는 배출시설로서 5 종 사업장에 설치하는 배출시설은 제외 ** <환경부 고시 제2018-23호> 제2조 1. 울산광역시 울산·미포 및 온산국가산업단지 2. 전라남도 여수시 여천국가산업단지 및 확장단지	그 외의 배출시설을 설치하려는 자

2) 설치 변경허가·신고 (법 제23조 제2, 3항)

[표 2-5] 대기오염물질 배출시설 변경허가·신고 대상

변경허가 (시행령 제11조 제4항)	변경신고 (시행규칙 제27조 제1항)
1. 설치허가 또는 변경허가를 받거나 변경신고를 한 배출시설 규모의 합계나 누계*의 100분의 50 이상(제1항제1호에 따른 특정대기유해물질 배출시설의 경우에는 100분의 30 이상으로 한다) 증설 * 배출시설 규모의 합계나 누계는 배출구별로 산정	1. 같은 배출구에 연결된 배출시설을 증설 또는 교체하거나 폐쇄하는 경우(일부 예외) 2. 배출시설에서 허가받은 오염물질 외의 새로운 대기오염물질이 배출되는 경우

2. 설치허가 또는 변경허가를 받은 배출시설의 용도 추가	3. 방지시설을 증설·교체하거나 폐쇄하는 경우 4. 사업장의 명칭이나 대표자를 변경하는 경우 5. 사용하는 원료나 연료를 변경하는 경우(일부 예외) 6. 배출시설 또는 방지시설을 임대하는 경우 7. 그 밖의 경우로서 배출시설 설치허가증에 적힌 허가사항 및 일일조업시간을 변경하는 경우 ※ 신고시기: 제1호, 제3호, 제4호 또는 제7호(변경 전), 제5호(2개월 이내), 제2호, 제6호(30일 이내)

3) 배출시설의 설치제한 (법 제23조 제8항)

환경부장관 또는 시·도지사는 배출시설로부터 나오는 특정대기유해물질이나 특별대책지역의 배출시설로부터 나오는 대기오염물질로 인하여 환경기준의 유지가 곤란하거나 주민의 건강·재산, 동식물의 생육에 심각한 위해를 끼칠 우려가 있다고 인정되면 특정대기유해물질을 배출하는 배출시설의 설치 또는 특별대책지역에서의 배출시설 설치를 제한할 수 있음.

설치제한 요건(시행령 제12조)

1. 배출시설 설치 지점으로부터 반경 1킬로미터 안의 상주 인구가 2만명 이상인 지역으로서 특정대기유해물질 중 한 가지 종류의 물질을 연간 10톤 이상 배출하거나 두 가지 이상의 물질을 연간 25톤 이상 배출하는 시설을 설치하는 경우
2. 대기오염물질(먼지·황산화물 및 질소산화물만 해당)의 발생량 합계가 연간 10톤 이상(제1~3종)인 배출시설을 특별대책지역(총량규제구역으로 지정된 특별대책지역은 제외)에 설치하는 경우

※ 배출시설의 설치제한: '국토계획법', '개발제한구역법', '수도권정비계획법', '산업집적법', '산업입지법', '농지법', '산림법' 등 다른 법률 검토 필요

4) 사업장의 분류 (법 제25조, 시행령 제13조, [별표 1의3])

– 배출시설의 효율적인 설치 및 관리를 위하여 배출시설에서 나오는 오염물질 발생량에 따라 사업장을 1종부터 5종까지로 분류하고 있음[표 2-6].

– 예컨대, 1~3종 사업장의 경우 4~5종 사업장에 비해 원격감시체계(Tele Monitoring System, TMS) 설치 등의 의무 준수사항이 있는 등 좀 더 엄격한 규제로 관리되고 있음.

[표 2-6] 대기오염물질 배출시설 사업장의 분류(1~5종)

종별	오염물질발생량 구분	측정기기 부착 (제32조)
1종사업장	대기오염물질발생량의 합계가 연간 80톤 이상인 사업장	TMS, 적산전력계
2종사업장	대기오염물질발생량의 합계가 연간 20톤 이상 80톤 미만인 사업장	
3종사업장	대기오염물질발생량의 합계가 연간 10톤 이상 20톤 미만인 사업장	
4종사업장	대기오염물질발생량의 합계가 연간 2톤 이상 10톤 미만인 사업장	적산전력계, 사물인터넷 측정기기(일부 사업장, [별표9의2])
5종사업장	대기오염물질발생량의 합계가 연간 2톤 미만인 사업장	

※ 대기오염물질 발생량(방지시설 통과 전의 먼지, 황산화물, 질소산화물의 발생량) = 배출시설의 시간당 대기오염물질 발생량* × 일일조업시간 × 연간가동일수(시행규칙 제2조 제1항)

* 시간당 대기오염물질 발생량: 시행규칙 [별표 10] 발생량 산정방법 참고

(4) 규제 3: 방지시설의 설치

배출시설에 대해 설치 허가·신고 등 인허가를 받은 이후에 대기오염물질을 배출허용기준 이하로 배출하기 위한 방지시설의 설치를 규정하고 있음. 다만 특별한 요건에 해당하는 경우 배출시설의 설치 면제를 규정하고 있음.

1) 방지시설의 설치(법 제26조 제1항)

배출시설의 허가·변경허가를 받은 자 또는 신고·변경신고를 한 자("사업자")가 해당 배출시설을 설치하거나 변경할 때에는 그 배출시설로부터 나오는 오염물질이 배출허용기준 이하로 나오게 하기 위하여 대기오염방지시설("방지시설")을 설치해야 함.

(가) 방지시설 종류(시행규칙 제6조, [별표 4])

- 1. 중력집진시설 ~ 16. 그 밖의 제1호부터 제15호까지의 시설과 같은 혹은 그 이상의 방지효율을 가진 시설로서 환경부장관이 인정하는 시설

(나) 방지시설 설계·시공(법 제28조)

- 「환경기술 및 환경산업 지원법」 제15조에 따른 환경전문공사업자가 설계·시공(법 제28조 본문)
- 공정을 변경하지 않는 경우로서 일부 경우에는 자가설치가 예외적으로 인정됨(법 제28조 단서, 시행규칙 제30조, 제31조). 이 경우자가 설치자는 방지시설의 설계·시공능력이 있음을 인정받아야 함.

2) 방지시설의 설치면제 (법 제26조 제1항 단서)

- 대통령령으로 정하는 기준에 해당하는 경우에는 설치하지 아니할 수 있음.

설치면제 기준(시행령 제14조)

1. 배출시설의 기능이나 공정에서 오염물질이 항상 법 제16조에 따른 배출허용기준 이하로 배출되는 경우
2. 그 밖에 방지시설의 설치 외의 방법으로 오염물질의 적정처리가 가능한 경우

설치면제 유의사항

1. 방지시설 설치면제는 오염물질 항목별로 검토하여야 함
2. 방지시설 설치면제를 받는 경우에도 연 1회 이상 자가측정 하여야 하므로(시행규칙 [별표 11]), 해당배출시설 국소배기장치 및 배출구 설치 필요

※ 물리적 또는 안전상의 이유로 자가측정이 불가능하다고 행정기관이 인정하는 경우 면제 가능

3) 공동방지시설 설치(법 제29조)

- 사업자는 배출시설로부터 나오는 오염물질의 공동처리를 위하여 공동방지시설을 설치('공동방지시설의 운영에 관한 규약' 작성)할 수 있음.

  ※ 이 경우 각 사업자는 사업장별로 그 오염물질에 대한 방지시설을 설치한 것으로 봄

(5) 규제 4: 대기 배출/방지시설의 운영

배출시설 또는 방지시설의 설치 완료 후 시설의 가동 전에 가동시작 신고를 하고 배출/방지시설의 정상운영 등 관리하여야 하며, 배출/방지시설의 운영과 관련하여 배출부과금 부과·징수, 자가측정, 환경기술인 임명 등 규정이 있음.

1) 배출시설 등의 가동개시 신고(법 제30조)

- 사업자는 배출시설이나 방지시설의 설치를 완료하거나 배출시설의 변경을 완료하여 그 배출시설이나 방지시설을 가동하려면 환경부령으로 정하는 바에 따라 미리 환경부장관 또는 시·도지사에게 가동개시 신고를 하여야 함(제1항).
- 발전소의 질소산화물 감소 시설 등 시운전 가능시설인 경우에는 시운전기간에는 개선명령(제33조), 조업정지명령 등(제34조), 배출부과금의 부과·징수(제35조) 규정 미적용(제2항)

시운전 가능시설(시행령 제16조)

황산화물제거시설, 질소산화물제거시설을 설치한 배출시설 및 그 밖에 방지시설을 설치하거나 보수한 후 상당한 기간 시운전이 필요하다고 환경부장관이 인정하여 고시하는 배출시설

시운전기간(시행규칙 제35조)

신고한 배출시설 및 방지시설의 가동개시일부터 30일까지의 기간

2) 배출/방지시설의 운영 (법 제31조)

사업자는 배출시설과 방지시설을 운영할 때에는 다음 각 호의 행위를 하여서는 아니 되고(제1항), 운영에 관한 상황을 사실대로 기록, 보존하여야 함(제2항).

1. 배출시설을 가동할 때에 방지시설을 가동하지 아니하거나 오염도를 낮추기 위하여 배출시설에서 나오는 오염물질에 공기를 섞어 배출하는 행위. 다만, 화재나 폭발 등의 사고를 예방할 필요가 있어 환경부장관 등이 인정하는 경우에는 예외
2. 방지시설을 거치지 아니하고 오염물질을 배출할 수 있는 공기 조절장치나 가지 배출관 등을 설치하는 행위. 다만, 화재나 폭발 등의 사고를 예방할 필요가 있어 환경부장관 등이 인정하는 경우에는 예외
3. 부식(腐蝕)이나 마모(磨耗)로 인하여 오염물질이 새나가는 배출시설이나 방지시설을 정당한 사유 없이 방치하는 행위
4. 방지시설에 딸린 기계와 기구류의 고장이나 훼손을 정당한 사유 없이 방치하는 행위
5. 그 밖에 배출시설이나 방지시설을 정당한 사유 없이 정상적으로 가동하지 아니하여 배출허용기준을 초과한 오염물질을 배출하는 행위

3) 배출부과금 부과·징수(법 제35조)

대기오염물질 배출의 정도에 따라 배출부과금을 부과하는데, 이는 기본/초과 배출금으로 구분되고 구체적인 대상, 요건, 부과시 고려사항 등은 다음과 같음[표 2-7].

[표 2-7] 대기환경보전법상 기본배출부과금과 초과배출부과금

구분	기본배출부과금	초과배출부과금
대상 (공통)	1. 대기오염물질을 배출하는 사업자(제29조에 따른 공등 방지시설을 설치·운영하는 자를 포함) 2. 제23조제1항부터 제3항까지의 규정에 따른 허가·변경허가를 받지 아니하거나 신고·변경신고를 하지 아니하고 배출시설을 설치 또는 변경한 자	
요건	대기오염물질을 배출하는 사업자가 배출허용기준 이하로 배출하는 대기오염물질의 배출량 및 배출농도 등에 따라 부과하는 금액	배출허용기준을 초과하여 배출하는 경우 대기오염물질 배출량과 배출농도 등에 따라 부과하는 금액
고려 사항 (공통)	1. 배출허용기준 초과 여부 2. 배출되는 대기오염물질의 종류 3. 대기오염물질의 배출 기간 4. 대기오염물질의 배출량 5. 자가측정(自家測定) 여부 6. 그 밖에 대기환경의 오염 또는 개선과 관련되는 사항으로서 환경부령으로 정하는 사항	

※ 1. 배출부과금의 산정방법과 산정기준 등 필요한 사항은 대통령령으로 정함. 다만, 초과부과금은 대통령령으로 정하는 바에 따라 본문의 산정기준을 적용한 금액의 10배의 범위에서 위반횟수에 따라 가중하며, 이 경우 위반횟수는 사업장의 배출구별로 위반행위 시점 이전의 최근 2년을 기준으로 산정(제4항)
2. 배출부과금을 내야 할 자가 납부기한까지 내지 아니하면 가산금 징수(제5항)

4) 행정처분 및 벌칙

(가) 행정처분 (법 제84조, 시행규칙 제134조 [별표 36])

① 일반기준

1. 위반사항이 두 가지 이상인 경우에는 각 위반사항에 따라 각각 처분
2. 위반행위의 횟수에 따라 최근 1년(또는 2년)간 같은 위반행위로 행정처분을 받은 경우 가중처벌(높은 차수 적용)
3. 배출시설 및 방지시설에 대한 위반횟수는 배출구별로 산정

② 개별기준

위반사항	근거 법령	행정처분 기준			
		1차	2차	3차	4차
1) 법 제23조에 따라 배출시설설치허가(변경허가를 포함한다)를 받지 아니하거나 신고를 하지 아니하고 배출시설을 설치한 경우 가) 해당 지역이 배출시설의 설치가 가능한 지역인 경우	법 제38조	사용 중지	–	–	–
나) 해당 지역이 배출시설의 설치가 불가능한 지역일 경우		폐쇄 명령			
5) 법 제26조제2항에 따른 방지시설을 설치하지 아니하고 배출시설을 운영하는 경우	법 제36조	조업 정지	허가 취소/ 폐쇄	–	–
8) 법 제31조제1항을 위반하여 다음과 같은 행위를 하는 경우 가) 배출시설 가동 시에 방지시설을 가동하지 아니하거나 오염도를 낮추기 위하여 배출시설에서 배출되는 대기오염물질에 공기를 섞어 배출하는 행위	법 제36조	조업 정지 10일	조업 정지 30일	허가 취소/ 폐쇄	–
나) 방지시설을 거치지 아니하고 대기오염물질을 배출할 수 있는 공기조절장치·가지배출관 등을 설치하는 행위	법 제36조	조업 정지 10일	조업 정지 30일	허가 취소/ 폐쇄	–
10) 법 제31조제2항에 따른 배출시설 및 방지시설의 운영에 관한 관리기록을 거짓으로 기재하였거나 보존·비치하지 아니한 경우	법 제36조	경고	경고	경고	조업 정지 20일

13) 법 제39조제1항에 따른 자가측정을 위반한 다음과 같은 경우					
나) 조작 등으로 자가측정 결과를 거짓으로 기록한 경우	법 제36조	조업 정지 90일	허가 취소/ 폐쇄	–	–
14) 법 제39조제2항을 위반하여 사업자가 측정대행업자에게 다음과 같은 행위를 하는 경우					
가) 측정결과를 누락하게 하는 행위	법 제36조	경고	조업 정지 5일	조업 정지 10일	조업 정지 30일
나) 거짓으로 측정결과를 작성하게 하는 행위	법 제36조	조업 정지 90일	허가 취소/ 폐쇄	–	–
17) 거짓이나 그 밖의 부정한 방법으로 대기배출시설 설치허가·변경허가를 받았거나, 신고·변경신고를 한 경우	제36조 제1호·제2호	허가 취소/ 폐쇄	–	–	–

(나) 벌칙 및 과태료

위반사항	근거법령	기준
(1) 허가나 변경허가를 받지 아니하거나 거짓으로 허가나 변경허가를 받아 배출시설을 설치 또는 변경하거나 그 배출시설을 이용하여 조업한 자	법 제89조 제1호	7년 이하의 징역이나 1억원 이하의 벌금
(2) 방지시설을 설치하지 아니하고 배출시설을 설치·운영한 자	법 제89조 제2호	7년 이하의 징역이나 1억원 이하의 벌금
(3) 제31조제1항제1호나 제5호에 해당하는 행위를 한 자	법 제89조 제3호	7년 이하의 징역이나 1억원 이하의 벌금

(4) 제32조제1항 본문에 따른 측정기기의 부착 등의 조치를 하지 아니한 자	법 제90조 제3호	5년 이하의 징역이나 5천만원 이하의 벌금
(5) 제39조제1항 및 제2항 관련 자가측정 의무 위반	법 제90조 제4의3호/제4의4호	5년 이하의 징역이나 5천만원 이하의 벌금
(6) 제30조를 위반하여 신고를 하지 아니하고 조업한 자	법 제91조 제1호	1년 이하의 징역이나 1천만원 이하의 벌금
(7) 환경기술인의 업무를 방해하거나 환경기술인의 요청을 정당한 사유 없이 거부한 자	법 제93조	200만원 이하의 벌금

(6) 규제 5: 측정기기 부착/자가측정

1) 측정기기 부착(법 제32조)

- 사업자는 배출시설에서 나오는 오염물질이 배출허용기준에 맞는지를 확인하기 위하여 측정기기를 부착하는 등의 조치를 하여 배출시설과 방지시설이 적정하게 운영되도록 하여야 함(제1항).
- 사업자는 부착된 측정기기에 대하여 다음 각 호의 행위를 하여서는 아니 됨(제3항).

> 1. 배출시설이 가동될 때에 측정기기를 고의로 작동하지 아니하거나 정상적인 측정이 이루어지지 아니하도록 하는 행위
> 2. 부식, 마모, 고장 또는 훼손되어 정상적으로 작동하지 아니하는 측정기기를 정당한 사유 없이 방치하는 행위(제1항 본문에 따라 설치한 측정기기로 한정한다)
> 3. 측정기기를 고의로 훼손하는 행위
> 4. 측정기기를 조작하여 측정결과를 빠뜨리거나 거짓으로 측정결과를 작성하는 행위

2) 자가측정(법 제39조)

- 사업자가 그 배출시설을 운영할 때에는 나오는 오염물질을 자가측정하거나 「환경분야 시험·검사 등에 관한 법률」 제16조에 따른 측정대행업자에게 측정하게 하여 그 결과를 사실대로 기록·보존하여야 함(제1항).
- 사업자는 제1항에 따라 측정대행업자에게 측정을 하게 하려는 경우 다음 각 호의 행위를 하여서는 아니 됨(제2항).

> 1. 측정결과를 누락하게 하는 행위
> 2. 거짓으로 측정결과를 작성하게 하는 행위
> 3. 정상적인 측정을 방해하는 행위

- 사업자는 측정한 결과를 환경부령으로 정하는 바에 따라 환경부장관 또는 시·도지사에게 제출하여야 함(제3항).

※ 측정의 대상, 항목, 방법, 그 밖의 측정에 필요한 사항은 환경부령으로 정함(제4항)

(7) 규제 6: 환경기술인

1) 환경기술인의 임명 및 자격기준

- 임명: 사업자는 배출시설과 방지시설의 정상적인 운영·관리를 위하여 환경기술인을 임명하여야 함(법 제40조 제1항, 시행령 제39조).

임명시기(시행령 제39조)

1. 최초로 배출시설을 설치한 경우 가동개시 신고를 할 때
2. 환경기술인을 변경하는 경우 그 사유가 발생한 날부터 5일 이내

- 환경기술인의 의무: 지도·감독, 기록·보관, 사업장 상근 등 준수사항 지켜야 함(제2항, 시행규칙 제54조)

- 자격기준: 사업장 규모(제1~5종)별로 자격기준을 달리 정하고 있음(시행령 제39조 제2항, [별표 10]).

※ 기업활동 규제완화에 관한 특별조치법(약칭: 기업규제완화법)에 따라 임명 인원 등은 달라질 수 있음

2) 환경기술인의 교육

- 환경기술인을 고용한 자는 환경부령으로 정하는 바에 따라 해당하는 자에게 환경부장관, 시·도지사 또는 대도시 시장이 실시하는 교육을 받게 하여야 함(법 제77조 제1항, 시행규칙 제125조).
  - 교육기관: 한국환경보전원 등 교육기관
  - 교육주기: 신규교육(임명된 날부터 1년이내 1회), 보수교육(신규교육 후 3년마다 1회)

(8) 규제 7: 비산먼지

1) 비산먼지 현황

대기환경 분야에서는 대기 중 미세먼지가 주요한 환경 문제가 되어 왔기에 대기환경보전법에서 미세먼지 관리에 대한 사항도 규율하고 있음.

- 전국 미세먼지(PM-10) 발생량 중 비산먼지가 약 50%를 차지하고 있고, 주로 건설공사, 도로재비산먼지 등이 주요한 비산먼지 발생원으로 보고됨. 국내 미세먼지 발생량 현황은 다음 그림 2. 4.와 같음.

[그림 2. 4.] 국내 미세먼지 발생량 현황

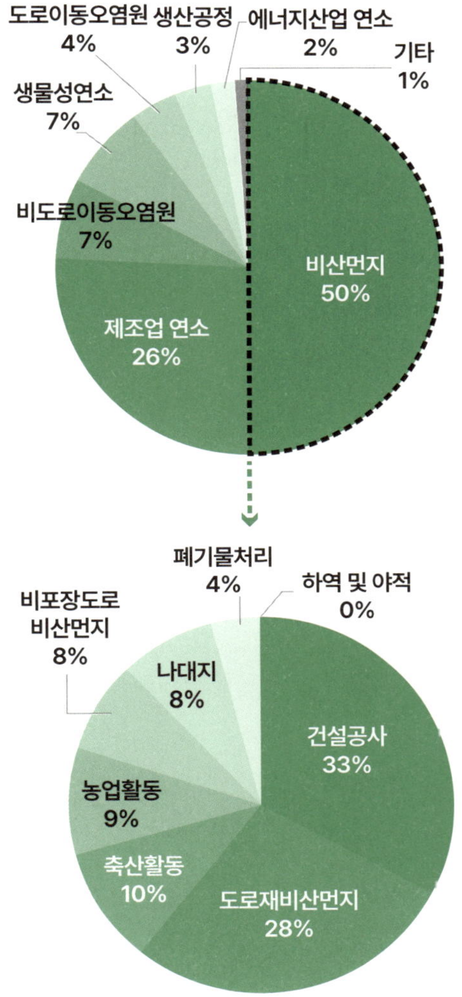

Source: 환경부, 비산먼지관리메뉴얼('21.1월) 내용 참조

2) 비산먼지 규제

- 비산먼지를 발생시키는 사업*을 하려는 자는 특별자치시장·특별자치도지사·시장·군수·구청장에게 신고하고, 비산먼지의 발생을 억제하기 위한 시설을 설치하거나 필요한 조치를 하여야 함(변경하려는 때에도 같음)(법 제43조 제1항, 시행령 제44조, 시행규칙 제57조).

> * 비산먼지 발생 사업(시행령 제44조)
>
> 1) 시멘트·석회·플라스터 및 시멘트 관련 제품의 제조업 및 가공업
> 2) 비금속물질의 채취업, 제조업 및 가공업
> 3) 제1차 금속 제조업
> 4) 비료 및 사료제품의 제조업
> 5) 건설업(지반 조성공사, 건축물 축조 및 토목공사, 조경공사 및 도장공사로 한정한다)
> 6) 시멘트, 석탄, 토사, 사료, 곡물 및 고철의 운송업
> 7) 운송장비 제조업
> 8) 저탄시설(貯炭施設)의 설치가 필요한 사업
> 9) 고철, 곡물, 사료, 목재 및 광석의 하역업 또는 보관업
> 10) 금속제품의 제조업 및 가공업
> 11) 폐기물 매립시설 설치·운영 사업

NOTE

3) 행정처분 및 벌칙

(가) 행정처분 (법 제84조, 시행규칙 제134조 [별표 36])

위반사항	근거법령	행정처분 기준	
		1차	2차
2) 법 제43조에 따른 비산먼지 발생사업과 관련된 다음의 경우	법 제43조 제1항 및 제2항		
(가) 비산먼지 발생사업의 신고 또는 변경신고를 하지 아니한 경우		경고	사용 중지
(나) 법 제43조제1항에 따른 필요한 조치를 이행하지 아니한 경우		조치이행 명령	사용 중지
3) 법 제43조제1항에 따른 시설이나 조치가 기준에 맞지 아니한 경우	법 제43조 제2항 및 제3항	개선명령	사용 중지
4) 법 제43조제2항에 따른 조치의 이행 또는 개선명령을 이행하지 아니한 경우	법 제43조 제3항	사용중지	-

(나) 벌칙 및 과태료

위반사항	근거법령	기준
(1) 비산먼지 발생시설 등에 대한 사용제한 등의 명령을 위반한 자	법 제91조 제3호	1년 이하의 징역이나 1천만원 이하의 벌금
(2) 비산먼지 발생사업 신고를 하지 아니한 자	법 제92조 제4호의2	300만원 이하의 벌금
(3) 비산먼지 발생억제 시설의 설치 및 필요한 조치를 하지 아니한 자(운송업자 제외)	법 제92조 제5호	300만원 이하의 벌금
(4) 비산먼지 발생억제 시설의 설치나 조치의 이행 등의 명령을 이행하지 아니한 자	법 제92조 제6호	300만원 이하의 벌금
(5) 비산먼지의 발생억제 시설의 설치 및 필요한 조치를 하지 아니하고 분체상 물질을 운송한 자	법 제94조 제3항제6호	200만원 이하의 과태료
(6) 비산먼지 발생사업 변경신고를 하지 아니한 자	법 제94조 제4항제3호	100만원 이하의 과태료

기업환경규제 대응을 위한

'한눈에 쏙' 환경법

III
수질오염 관리(물환경보전법)

1 물관리 분야 법 체계

국내 물관리 분야의 주요 법률은 물관리기본법, 물환경보전법 등 약 20여개의 법률이 있는데, 본 장에서는 '기업 환경 규제 6법' 관련 물환경보전법의 주요한 내용만 다루고자 함(그림 3. 1.).

[그림 3.1.] 물관리 분야 법 체계

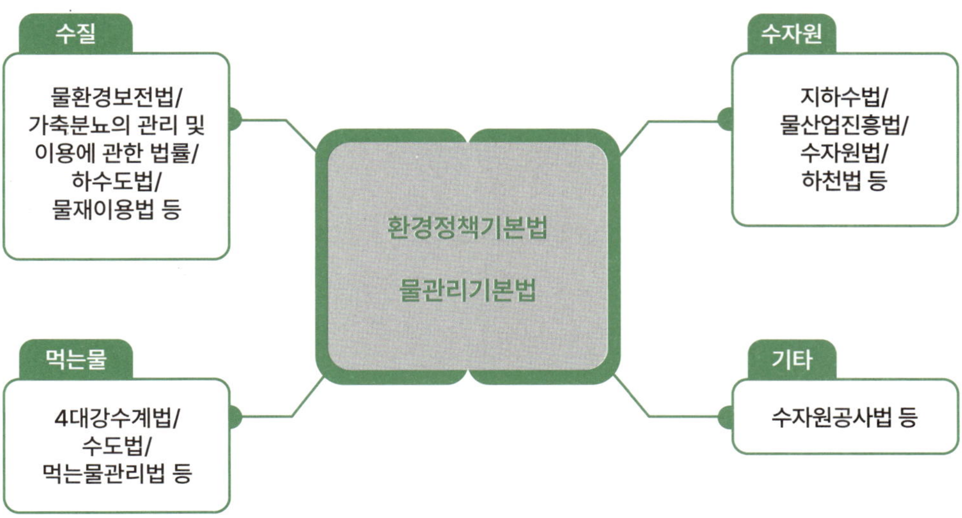

Source: 김도형, 국내 물환경법제의 최근 동향과 쟁점, 환경법연구, 제42권 제1호 (2020) 내용을 재구성.

2 물관리를 위한 주요 수질기준

환경법 체계 내에서 물관리를 위한 주요 환경기준은 아래 [표 3-1]과 같음. 물환경보전법에서는 산업폐수와 관련한 배출허용기준, 방류수수질기준 등을 규정하고 있음.

[표 3-1] 물관리를 위한 주요 환경기준

구분	내용	근거
환경기준	국가가 달성하고 유지하는 것이 바람직한 환경상의 조건 또는 질적인 수준(환경보전목표 설정 등)	환경정책기본법 제3조 제8호
목표기준	물이용목적, 수질-수생태계 현황, 수생태계건강성, 오염의 현황, 전망 등을 고려한 달성 목표	물환경보전법 제10조의2
배출허용기준	폐수배출시설 대상 수질오염물질 '규제 기준'	물환경보전법 제32조
방류수 수질기준	공공폐수처리시설의 방류수 수질기준	물환경보전법 제12조 제3항, 시행규칙 제26조 [별표 10]
	공공하수처리시설·간이공공하수처리시설·분뇨처리시설 및 개인하수처리시설의 방류수수질기준	하수도법 제7조 제1항, 시행규칙 제3조
그외 (먹는물관리법)	먹는물의 수질기준	먹는물관리법 제5조 제3항, 먹는물검사규칙 제2조 [별표 1]

3 물환경보전법의 체계 개관

(1) 제·개정 연혁

– 물환경보전법의 제개정 연혁은 [표 3-2]와 같음. 「환경보전법」의 분법으로 1990년 8월 「환경정책기본법」 등과 함께 최초로 「수질환경보전법」이 제정됨.

– 이후 수질오염 관리 범위 등의 확대로 인해 「수질 및 수생태계 보전에 관한 법률」을 거쳐 「물환경보전법」으로 개정됨.

[표 3-2] 물환경보전법의 제개정 연혁

구분	수질환경보전법	수질 및 수생태계 보전에 관한 법률	물환경보전법
제·개정	1990년 8월(제정)	2007년 5월(개정)	2017년 1월(개정)
목적	하천·호소 등 공공수역의 수질을 적정하게 관리·보전	하천·호소 등 공공수역의 수질 및 수생태계(水生態系)를 적정하게 관리·보전	하천·호소 등 공공수역의 물환경을 적정하게 관리·보전
주요 내용	1. 환경보전법의 수질보전 관련 조항을 분리하여 개별법으로 정비 2. 배출허용기준의 강화, 총량규제 등	1. 공공수역의 요소를 고려하여 제명을 변경하고 법 적용 대상을 명확히 하며, 법의 목적 등 관련 규정 정리 2. 4대강 수계 외의 수계에 대한 총량관리 등	1. 물환경 전반으로 보전의 대상을 확대하기 위하여 법률의 제명 변경 2. '물환경'의 정의, '국가 물환경관리 기본계획'의 수립 등

Source: 김도형, 국내 물환경법제의 최근 동향과 쟁점, 환경법연구, 제42권 제1호 (2020) 참조

(2) 조문 체계

– 제1장 총칙(제1조~제8조)부터 제7장 벌칙(제75조~제82조)로 구성되는데(그림 3. 2.), **제3장 점오염원 관리의 제1절(제32조~제42조)** 및 제8장 벌칙 등에 주로 기업의 규제와 관련된 사항이 규정되어 있음.

[그림 3. 2.] 물환경보전법 조문 체계

제1장 총칙
(제1조~제8조)

- 목적
- 정의
- 책무
- 수질오염물질 총량관리
- 물환경종합정보망
- 민간의물환경보전활동/친환경상품 지원
- 다른법률과의 관계

제2장 공공수역 제1절 총칙
(제9조~제21조의5)

- 수질의 상시측정 등
- 타인의 토지에의 출입
- 공공시설 설치관리 등
- 국토계획에의 반영
- 도시·군 기본계획 반영
- 배출 등의 금지
- 수질오염사고의 신고
- 상수원의 수질보전을 위한 통행제한
- 공공수역 수질오염방지
- 특정농작물경작권고등
- 낚시행위의 제한
- 수질오염 경보제
- 오염된 공공수역에서의 행위제한

제2절 국가수계영향권별
(제22조~제27조의2)

- 국가 · 수계영향권별 물환경관리
- 수생태계 연속성 조사 등
- 오염원 조사
- 국가, 대권역, 중권역, 소권역 물환경관리계획 수립
- 환경부장관 또는 시도지사 소권역계획 수립
- 수생태계 복원계획의 수립 등

제3절 호소 물환경 보전
(제28조~제31조의3)

- 정기적 조사 · 측정 · 분석
- 양식업 면허의 제한
- 호소 쓰레기 수거·처리
- 중점관리저수지의 지정, 수질 개선 등

제3장 점오염원의 관리
제1절 산업폐수 배출규제
(제32조~제42조)

- 배출허용기준
- 배출시설설치허가및신고
- 무방류배출시설설치허가
- 설치면제 · 면제자 준수사항 등
- 권리·의무의 승계
- 가동시작 신고
- 배출 및 방지시설 운영
- 측정기기 부착, 관련 금지행위 등
- 기준초과 사업자 개선명령
- 조업정지명령
- 배출부과금
- 허가의 취소 등

제1절 산업폐수 배출규제
(제43조~제47조)

제2절 공공폐수처리시설
(제48조~제51조의3)

제3절 생활하수 및 가축분뇨
(제52조)

제4장 비점오염원 관리
(제53조~제59조)

- 비점오염원의 설치 신고·준수사항·개선명령 등
- 상수원의 수질보전을 위한 비점오염저감시설 설치
- 비점오염저감시설의 성능검사
- 비점오염원 관리 종합대책의 수립
- 관리지역의 지정 등
- 관리대책의 수립
- 시행계획의 수립

제5장 기타수질오염원 관리
(제60조~제61조의2)

제6장 폐수처리업
(제62조~제66조)

제7장 보칙
(제66조의2~제74조의2)

- 수탁처리폐수 전산처리
- 환경기술인등의 교육
- 보고 및 검사 등
- 국고 보조
- 관계 기관의 협조
- 행정처분 기준(제71조)
- 청문, 수수료 등

제8장 벌칙
(제75조~제82조)

- 벌칙(제75~80조)
- 양벌규정(제81조)
- 과태료(제82조)

(3) 폐수 배출 규제 및 관리 체계

- 물환경보전법은 규율대상이 수질오염물질인 것을 제외하고는 대기환경보전법의 배출 규제 및 관리 체계와 유사함.

- 물환경보전법 역시 제조·생산을 통하여 공공수역으로 오염물질을 배출하는 사업장을 규제하기 위하여, 단순히 수질오염물질 배출허용기준을 정할 뿐만 아니라, 시설의 설치 허가 및 신고부터, 시설의 설치, 시설의 운영 등 전주기·과정을 규율함(그림 3. 3.).

[그림 3. 3.] 물환경보전법 배출 규제 및 관리 체계

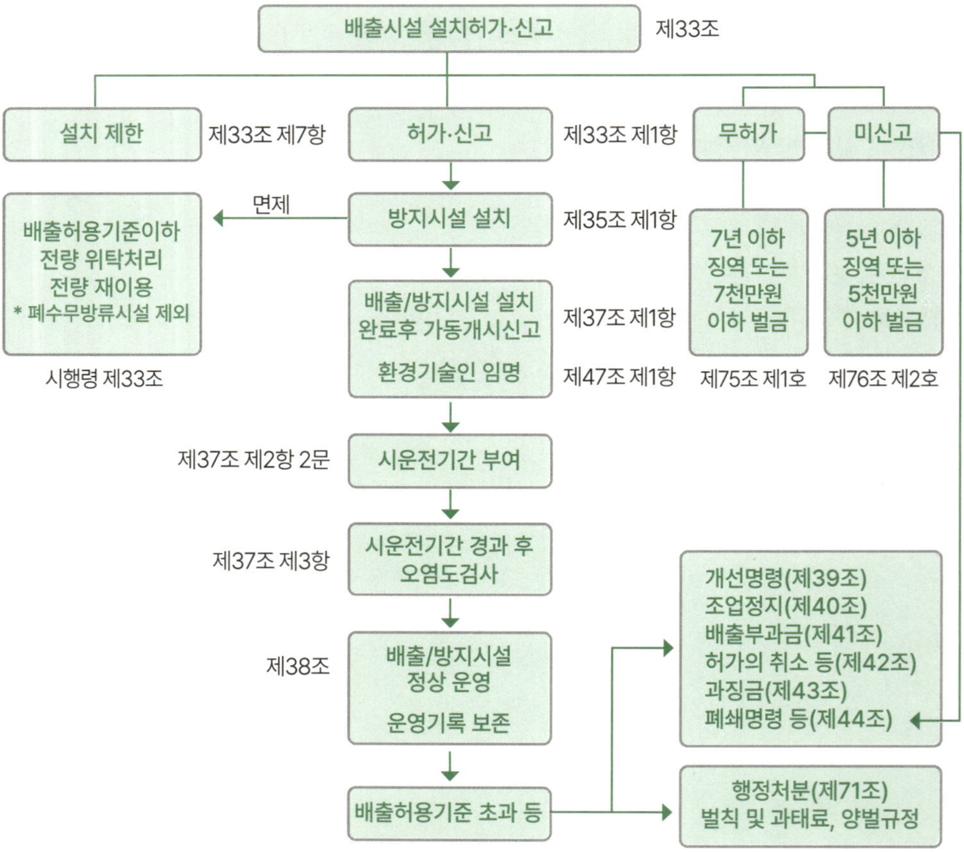

Source: 환경부, '환경관련 법령해설 및 행정실무(2009.8)' 내용을 수정·보완하였음

– 배출허용 기준 초과, 배출/방지시설의 부적정 운영 등 대기 배출 규제 및 관리 체계를 위반하는 경우 행정제재 및 행정벌이 부과될 수 있음[표 3-3].

[표 3-3] 물환경보전법상 행정제재 및 행정벌

구분	내용	근거
벌칙	징역 또는 벌금	제75조(7년,7천만원)~제80조(100만원)
행정처분	개선명령(배출허용기준초과) 조업정지명령 허가취소 폐쇄명령 행정처분 기준	제39조 제40조 제42조 제44조 제71조
부과금/ 과징금	배출부과금(기본*, 초과**) 과징금(매출액 100분의 5이하)	제41조 제43조
과태료	경미한 위반	제82조(1000~100만원)
양벌규정	업무 관련 위반행위자 외 법인 또는 개인(대표 등) 벌금형	제81조 (제75~제80조 위반시)

* 배출시설 폐수 중 수질오염물질이 배출허용기준 이하로 배출되나 방류수 수질기준 초과하는 경우, 혹은 공공폐수처리시설 또는 공공하수처리시설에서 배출되는 폐수 중 수질오염물질이 방류수 수질기준을 초과하는 경우

** 수질오염물질이 배출허용기준 초과하여 배출 또는 공공수역에 배출(폐수무방류배출시설에 한정)되는 경우

4 주요 규제 내용

(1) 규율대상: 수질오염물질과 폐수배출시설

1) 수질오염물질

- 물환경보전법에서 규율하는 대상은 "수질오염물질"이고 그 중 일부는 "특정수질유해물질"로 지정됨[표 3-4].

[표 3-4] 수질오염물질/특정수질유해물질

수질오염물질 (법 제2조 제7호, 시행규칙 제3조 [별표 2])	특정수질유해물질 (동조 제8호, 시행규칙 제4조 [별표 3])
수질오염의 요인이 되는 물질로서 환경부령으로 정하는 것	사람의 건강, 재산이나 동식물의 생육(生育)에 직접 또는 간접으로 위해를 줄 우려가 있는 수질오염물질로서 환경부령으로 정하는 것
구리와 그 화합물, 납과 그 화합물, 니켈과 그 화합물, 총 대장균군, 망간과 그 화합물, 바륨화합물, 부유물질, 비소와 그 화합물, 산과 알칼리 등 59항목	구리와 그 화합물, 납과 그 화합물, 비소와 그 화합물, 수은과 그 화합물, 시안화합물, 유기인 화합물, 6가크롬 화합물, 카드뮴과 그 화합물, 테트라클로로에틸렌,트리클로로에틸렌, 폴리클로리네이티드바이페닐 등 32항목

- 수질오염물질을 배출하는 배출원은 점오염원, 비점오염원, 기타 수질오염원으로 구분되는데, 그 중 점오염원이 주로 기업의 규제와 관련성이 높음[표 3-5].

[표 3-5] 수질오염물질 배출원의 구분

구분	내용	법 조항
점오염원	폐수배출시설, 하수발생시설, 축사 등으로서 관로·수로 등을 통하여 일정한 지점으로 수질오염물질을 배출하는 배출원	법 제2조 제1호의2
비점오염원	도시, 도로, 농지, 산지, 공사장 등으로서 불특정 장소에서 불특정하게 수질오염물질을 배출하는 배출원	법 제2조 제2호
기타 수질오염원	1. 수산물 양식시설 2. 골프장(면적 3만m² 또는 3홀 이상) 3. 운수장비·정비 또는 폐차장 시설 4. 농축수산물 단순 가공시설 5. 사진 처리 또는 X-Ray 시설 6. 금은판매점의 세공시설이나 안경원 7. 복합물류터미널 시설 8. 거점소독시설	법 제2조 제3호, 시행규칙 제2조 [별표1]

2) 폐수배출시설

- 수질오염물질을 배출하는 시설물, 기계, 기구, 그 밖의 물체로서 환경부령으로 정한 것(「해양환경관리법」 제2조 제16호 및 제17호에 따른 선박 및 해양시설은 제외)(법 제2조 제10호, 시행규칙 제6조, [별표 4])

시행규칙 [별표 4]에서 ① 배출시설 적용기준과 ② 배출시설 분류를 정함.

① **배출시설 적용기준:** 일정규모 이상의 시설에 한하여 적용

1) 특정수질유해물질이 포함된 폐수배출시설의 경우: 1일 최대 폐수량* 이 0.01세제곱미터 이상인 시설(금속광업시설 등은 시간당 최대 0.1 세제곱미터 이상)

2) 특정수질유해물질이 포함되지 않은 폐수배출시설의 경우: 1일 최대 폐수량이 0.1세제곱미터 이상인 시설(금속광업시설 등은 시간당 최대 1세제곱미터 이상). 단, 일부 경우에는 폐수배출시설에서 제외함.

* 연중 폐수가 가장 많이 발생되는 날을 기준으로 사업장의 모든 시설에서 배출되는 폐수를 합산 산정, 위탁처리·재이용하거나 폐수배출공정 중의 방지시설에서 처리되는 폐수를 모두 포함하여 산정하되, 일부 예외 있음

② **배출시설 분류:** 업종별 대상 배출시설을 세분화

1) 석탄 광업시설(051**) ~ 82) 제1호부터 제81호까지 분류에 속하지 아니하는 시설

** 한국표준산업분류(광업, 제조업 시설 등)에 따라 82개 배출시설을 규정

폐수배출시설의 분류(시행규칙 제6조, [별표4]) 예시

폐수배출시설	한국표준 산업분류	포함 또는 제외시설
27) 석유화학계 기초화합물 제조시설	20111	• 에틸렌 및 프로필렌계, 부틸렌계, 부타디엔계, 사이크로펜타디엔계, 이소프렌계, 방향족탄화수소계, 사이크로헥산계, 아세틸렌계, 달리 분류되지 아니하는 석유화학계, 기초화학물질 제조시설을 포함
32) 산업용가스 제조시설	20121	• 352 연료용 가스제조 및 배관공급시설 중 가스 제조시설을 포함
55) 1차 철강 제조시설	241	• 제철, 제강, 열간압연(熱間壓延: 금속재료를 재결정온도 이상에서 하는 압연), 냉간압연, 압출 및 인발제품(금속관 등의 끝부분을 끌어당겨 지름, 관벽 두께를 감소시킨 제품), 철강선, 강관, 철강압연, 주철강관, 연신(원료를 가늘게 늘이는 공정) 및 제관시설(관을 만드는 시설)을 포함

70) 화력발전시설	35113	• 10만 킬로와트/시간 미만의 시설은 제외
78) 산업시설의 정수시설(정수 능력이 1일당 100세제곱미터 이상)	공통시설	• 역세를 하지 아니하고 물리적으로만 처리하는 시설은 제외 • 수영장의 정수시설은 제외 • 폐기물처리업소의 시설로서 정수 폐수를 해당 처리시설로 유입처리하는 경우는 제외

(2) 규제 1: 배출허용기준 준수

– 수질오염물질을 배출허용농도 기준 이하로 배출하여야 하고, 이를 위반시 행정제재 및 행정벌의 대상이 됨(아래에서는 법 제32조 위반에 대하여만 다루고, 배출·방지시설의 비정상적 가동으로 인하여 배출허용기준을 초과함으로써 법 제38조 제1항 제4호를 위반하는 행위에 대하여는 뒤에서 서술함).

1) 배출허용기준

– 폐수배출시설에서 나오는 수질오염물질의 배출허용기준은 환경부령으로 정함(법 제32조 제1항, 시행규칙 제34조 [별표 13]).

[별표 13] 수질오염물질의 배출허용기준(제34조 관련)

1. 지역구분 적용에 대한 공통기준

1) **청정지역** :「환경정책기본법 시행령」 별표 1 제3호에 따른 수질 및 수생태계 환경기준 매우 좋음(I a)등급 정도의 수질을 보전하여야 한다고 인정되는 수역의 수질에 영향을 미치는 지역으로서 환경부장관이 정하여 고시하는 지역

2) **가지역** : 수질 및 수생태계 환경기준 좋음(I b), 약간 좋음(II)등급 정도의 수질을 보전하여야 한다고 인정되는 수역의 수질에 영향을 미치는 지역으로서 환경부장관이 정하여 고시하는 지역

3) **나지역** : 수질 및 수생태계 환경기준 보통(III), 약간 나쁨(IV), 나쁨(V) 등급 정도의 수질을 보전하여야 한다고 인정되는 수역의 수질에 영향을 미치는 지역으로서 환경부장관이 정하여 고시하는 지역

4) **특례지역** : 공공폐수처리구역 및 시장·군수가 「산업입지 및 개발에 관한 법률」 제8조에 따라 지정하는 농공단지

2. 항목별 배출허용기준

가. 생물화학적산소요구량·화학적산소요구량·부유물질량(2020년 1월 1일부터 적용되는 기준)

구분	1일 폐수배출량 2천m^3 이상			1일 폐수배출량 2천m^3 미만		
	BOD (mg/L)	TOC (mg/L)	SS (mg/L)	BOD (mg/L)	TOC (mg/L)	SS (mg/L)
청정지역	30이하	25이하	30이하	40이하	30이하	40이하
가지역	60이하	40이하	60이하	80이하	50이하	80이하
나지역	80이하	50이하	80이하	120이하	75이하	120이하
특례지역	30이하	25이하	30이하	30이하	25이하	30이하

나. 페놀류 등 수질오염물질(2021년 1월 1일부터 적용되는 기준)

- 항목 : 수소이온농도, 노말헥산추출물질함유량, 페놀류함유량 등
- 지역구분 : 청정, 가, 나, 특례지역

2) 배출허용기준 위반에 따른 행정처분

- 물환경보전법상 배출허용기준 위반에 따른 행정처분기준은 다음과 같고 (법 제71조, 시행규칙 제105조 제1항 [별표 22]), 일반기준과 개별기준으로 구분됨.

① 일반기준

- **(위반행위 건)** 위반행위가 둘 이상일 때에는 각 위반사항에 따라 각각 처분
- **(위반행위 횟수)** 최근 1년(제2호 가목*은 2년) 간 같은 위반행위로 행정처분을 받은 횟수를 기준으로 차수 적용

* 제2호 가목: 배출시설 및 방지시설 등과 관련된 행정처분 기준

② 개별기준(일부 발췌)

위반사항	근거법령	행정처분기준			
		1차	2차	3차	4차
1) 방지시설의 결함·고장 등으로 인한 배출허용기준 (제32조) 초과 가) 특별대책지역 밖 사업장	법 제39조, 법 제40조, 법 제42조 제1항 제1호	개선명령	개선명령	조업정지 5일	조업정지 15일
나) 특별대책지역 안 사업장		개선명령	개선명령	조업정지 10일	조업정지 20일

③ 비고(일부 발췌)

6. 배출허용기준 초과율에 따른 가중 처분

구분 (초과 정도)	행정처분기준(차수)			
	1단계 ↓	해당	1단계 ↑	2단계 ↑
특정수질유해물질	30%미만	30~100%미만	100~300%미만	300%이상
수질오염물질	50%미만	50~200% 미만	200~600%미만	600%이상

10. 법 제38조의2에 따른 측정기기부착사업장등 중 수질자동측정기기를 부착한 자가 배출허용기준 초과로 인한 조업정지에 해당하는 경우 이를 적용하지 아니하고 개선명령 적용

(3) 규제 2: 방류수 수질기준 준수

1) 방류수 수질기준

물환경보전법에서는 배출허용기준 외에 공공폐수처리시설의 방류수 수질기준을 규정하고 있음(법 제12조 제3항, 시행규칙 제26조, [별표 10]).

– 2020년 1월 1일부터 적용되는 기준

<table>
<tr><th rowspan="2">구분</th><th colspan="4">수질기준</th><th rowspan="2">지역구분</th></tr>
<tr><th>I지역</th><th>II지역</th><th>III지역</th><th>IV 지역</th></tr>
<tr><td>BOD
(mg/L)</td><td>10(10)
이하</td><td>10(10)
이하</td><td>10(10)
이하</td><td>10(10)
이하</td><td>I지역: 상수원보호구역 등</td></tr>
<tr><td>TOC
(mg/L)</td><td>15(25)
이하</td><td>15(25)
이하</td><td>25(25)
이하</td><td>25(25)
이하</td><td rowspan="2">II지역: 물환경 목표기준을 초과하였거나 초과할 우려가 현저한 지역으로서 환경부장관이 정하여 고시하는 지역</td></tr>
<tr><td>SS
(mg/L)</td><td>10(10)
이하</td><td>10(10)
이하</td><td>10(10)
이하</td><td>10(10)
이하</td></tr>
<tr><td>T-N
(mg/L)</td><td>20(20)
이하</td><td>20(20)
이하</td><td>20(20)
이하</td><td>20(20)
이하</td><td rowspan="3">III지역: 한강·금강·낙동강·영산강·섬진강 수계에 포함되는 지역으로서 환경부장관이 정하여 고시하는 지역
(I, II지역 제외)</td></tr>
<tr><td>T-P
(mg/L)</td><td>0.2(0.2)
이하</td><td>0.3(0.3)
이하</td><td>0.5(0.5)
이하</td><td>2(2)
이하</td></tr>
<tr><td>총대장균
군수
(개/mL)</td><td>3,000
(3,000)
이하</td><td>3,000
(3,000)
이하</td><td>3,000
(3,000)
이하</td><td>3,000
(3,000)
이하</td></tr>
<tr><td>생태독성
(TU)</td><td>1(1)
이하</td><td>1(1)
이하</td><td>1(1)
이하</td><td>1(1)
이하</td><td>IV지역: I지역, II지역 및 III지역을 제외한 지역</td></tr>
</table>

( )는 농공단지 공공폐수처리시설의 방류수 수질기준을 말함.

2) 방류수수질기준 위반에 따른 행정처분 및 벌칙

- 환경부장관은 공공폐수처리시설이 방류수 수질기준을 초과하는 경우에는 해당 시설을 설치·운영하는 자에게 시설의 개선 등 조치명령을 할 수 있고(제12조 제2항), 조치명령 위반 시 1년 이하의 징역 또는 1천만 원 이하의 벌금에 처함(제78조 제1호).

(4) 규제 3: 배출시설의 설치 허가 및 신고

- 배출시설에 대해 시설의 설치, 가동 등 전에 설치 허가·신고 등 인허가를 받도록 규정하고 있음.
- 또한 특별한 요건에 해당하는 경우 배출시설의 설치 자체를 제한하는 것도 규정하고 있음.

1) 설치 허가·신고(법 제33조)

- 배출시설을 설치하려는 자는 대통령령으로 정하는 바에 따라 환경부장관의 허가를 받거나 환경부장관에게 신고하여야 함[표 3-6]. 다만, 제9항에 따라 폐수무방류배출시설을 설치하려는 자는 환경부장관의 허가를 받아야 함(제1항).
- 허가받은 사항 중 대통령령으로 정하는 중요한 사항을 변경하려는 경우에는 변경허가를 받아야 함(제2항).

– 제1항 및 제2항에 따른 허가 또는 변경허가의 기준(제11항)

> 1. 배출시설에서 배출되는 오염물질을 제32조에 따른 배출허용기준 이하로 처리할 수 있을 것
> 2. 다른 법령에 따른 배출시설의 설치제한에 관한 규정에 위반되지 아니할 것
> 3. 폐수무방류배출시설을 설치하는 경우에는 폐수가 공공수역으로 유출·누출되지 아니하도록 대통령령으로 정하는 시설 전부를 대통령령으로 정하는 기준에 따라 설치할 것

[표 3-6] 수질오염물질 배출시설 허가·신고 대상

허가(동법 시행령 제31조 제1항)	신고(동법 시행령 제31조 제2항)
1. 특정수질유해물질이 환경부령*으로 정하는 기준 이상으로 배출되는 배출시설 * 특정수질유해물질 폐수배출시설 적용기준(동법 시행규칙 제35조의2 [별표13의2]) 2. 특별대책지역에 설치하는 배출시설 3. 설치제한지역에 설치하는 배출시설 4. 상수원보호구역 및 그 경계로부터 상류로 유하거리(流下距離) 10킬로미터 이내에 설치하는 배출시설 5. 상수원보호구역이 지정되지 아니한 지역 중 상수원 취수시설로부터 상류로 유하거리 15킬로미터 이내에 설치하는 배출시설 6. 설치신고를 한 배출시설로서 원료·부원료·제조공법 등이 변경되어 특정수질유해물질이 제1호에 따른 기준 이상으로 새로 배출되는 배출시설	1. 설치허가 대상 배출시설 외의 배출시설 2. 허가대상 중 폐수를 전량 위탁처리하는 배출시설 3. 허가대상 중 특정수질유해물질이 환경부령이 정하는 기준 미만으로 배출되는 폐수를 전량 공공폐수처리시설 또는 공공하수처리시설에 유입시키는 배출시설

[표 3-7] 수질오염물질 배출시설 변경허가·신고 대상

변경허가(동법 시행령 제31조 제3항)	변경신고(동법 시행규칙 제38조)
1. 폐수배출량이 허가 당시보다 100분의 50(특정수질유해물질이 제1항제1호에 따른 기준 이상으로 배출되는 배출시설의 경우에는 100분의 30) 이상 또는 1일 700세제곱미터 이상 증가하는 경우 2. 법 제32조에 따른 배출허용기준을 초과하는 새로운 수질오염물질이 발생되어 배출시설 또는 법 제35조제1항에 따른 수질오염방지시설("방지시설")의 개선이 필요한 경우 3. 법 제33조제1항 단서에 따라 허가를 받은 폐수무방류배출시설로서 제7항제2호에 따른 고체상태의 폐기물로 처리하는 방법에 대한 변경이 필요한 경우	[변경하려는 경우] 1. 폐수배출량이 신고 당시보다 100분의 50이상 증가하는 경우(변경허가를 받아야 하는 경우는 제외) 2. 폐수배출량이 증가하거나 감소하여 사업장 종류가 변경되는 경우 3. 폐수배출시설에서 새로운 수질오염물질이 배출되는 경우(변경허가를 받아야 하는 경우는 제외) 4. 폐수배출시설에 설치된 수질오염방지시설의 폐수처리방법 및 처리공정을 변경하는 경우 5. 수질오염방지시설을 설치하지 아니한 폐수배출시설에 수질오염방지시설을 새로 설치하는 경우 6. 폐수배출시설 또는 수질오염방지시설의 일부를 폐쇄하는 경우 7. 변경신고를 갈음할 수 있는 사항을 변경 [변경한 경우] ※ 사업장 대표자, 명칭, 소재지 변경, 폐수배출시설이나 수질오염방지시설 임대 등(변경 후 신고)

2) 배출시설의 설치제한

수질오염물질로 인하여 환경기준을 유지하기 곤란하거나 주민의 건강·재산이나 동식물의 생육에 중대한 위해를 가져올 우려가 있다고 인정되는 경우에

는 관할 시·도지사의 의견을 듣고 관계 중앙행정기관의 장과 협의하여 배출시설의 설치(변경을 포함)를 제한할 수 있음(법 제33조 제7항).

설치제한 지역의 범위(법 제33조 제8항, 시행령 제32조)

1. 취수시설이 있는 지역
2. 「환경정책기본법」 제38조에 따라 수질보전을 위해 지정·고시한 특별대책지역
3. 「수도법」 제7조의2제1항에 따라 공장의 설립이 제한되는 지역(제31조제1항제1호에 따른 배출시설의 경우만 해당)
4. 위 지역의 상류지역 중 배출시설이 상수원의 수질에 미치는 영향 등을 고려하여 환경부장관이 고시하는 지역(제31조제1항제1호에 따른 배출시설의 경우만 해당)

3) 배출규모에 따른 사업장의 구분

– 배출시설의 효율적인 설치 및 관리를 위하여 배출시설에서 나오는 폐수배출량에 따라 사업장을 1종부터 5종까지로 분류하고 있음[표 3-8](시행령 제44조 제2항, [별표 13]).

[표 3-8] 수질오염물질 배출시설 사업장의 분류(1~5종)

종류	배출규모*	측정기기 부착** (시행령 제35조 제1항 [별표7])
제1종사업장	1일 폐수배출량이 2,000m³ 이상인 사업장	수질자동측정기기(pH, TOC, SS, T-N, T-P), 부대시설(자동시료채취기, 자료수집기 등), 적산전력계, 적산유량계
제2종사업장	1일 폐수배출량이 700m³ 이상, 2,000m³ 미만인 사업장	
제3종사업장	1일 폐수배출량이 200m³ 이상, 700m³ 미만인 사업장	

제4종사업장	1일 폐수배출량이 50m³ 이상, 200m³ 미만인 사업장	적산전력계, 적산유량계
제5종사업장	위 사업장에 해당하지 아니하는 배출시설	

* 사업장의 규모별 구분은 1년 중 가장 많이 배출한날을 기준으로 정함

** 부착기한: 적산전력계 및 적산유량계는 가동시작 신고 전, 수질자동측정기기 및 부대시설은 가동개시 신고 후 2개월 이내, 시·도지사 등에 부착 통보(제35 조 제2~3항)

– 사업장 배출규모에 따라 측정기기 부착 의무(시행령 제35조 제1항)뿐만 아니라 기본배출부과금의 부과계수(시행령 41조 제3항), 초과배출부과금의 금액(시행령 제45조 제3항 제1호) 배출부과금의 감면 여부(시행령 제52조 제1항 제1호), 환경기술인의 자격 기준(시행령 제59조 제2항) 등도 달라짐.

(5) 규제 4: 방지시설의 설치

배출시설에 대해 설치 허가·신고 등 인허가를 받은 이후에 수질오염물질을 배출허용기준 이하로 배출하기 위한 방지시설의 설치를 규정하고 있음. 다만 특별한 요건에 해당하는 경우 방지시설의 설치 면제를 규정하고 있음. 또한 원칙적으로는 배출시설에서 발생하는 폐수는 방지시설에 유입하여 처리해야 되지만 예외적으로는 위탁 처리할 수 있음.

1) 방지시설의 설치

사업자는 해당 배출시설로부터 배출되는 수질오염물질이 배출허용기준 이하로 배출되게 하기 위한 수질오염방지시설을 설치하여야 함(법 제35조 제1항).

(가) 수질오염방지시설(시행규칙 제7조, [별표 5])

1. 물리적 처리시설(가. 스크린 ~ 하. 농축시설)
2. 화학적 처리시설(가. 화학적 침강시설 ~ 자. 침전물 개량시설)
3. 생물학적 처리시설(가. 살수여과상 ~ 사. 돈사톱밥발효시설)
4. 제1호부터 제3호까지 동등이상의 방지효율을 가진 시설로서 환경부장관이 인정하는 시설
5. 비점오염저감시설

(나) 공동방지시설

사업자는 수질오염물질 공동처리를 위한 공동방지시설을 설치('운영에 관한 규약' 작성)할 수 있음.

※ 각 사업자는 사업장별로 해당 수질오염물질에 대한 방지시설을 설치한 것으로 봄

2) 방지시설의 설치 면제

– 일부 배출시설(폐수무방류배출시설은 제외)의 경우에는 설치 면제(법 제35조 제1항 단서)

(가) 설치면제 기준(시행령 제33조)

1. 배출시설의 기능 및 공정상 수질오염물질이 항상 배출허용기준 이하로 배출되는 경우
2. 폐수처리업자 또는 환경부장관이 인정하여 고시하는 관계 전문기관에 환경부령으로 정하는 폐수를 전량 위탁처리하는 경우
3. 폐수를 전량 재이용하는 등 방지시설을 설치하지 아니하고도 수질오염물질을 적정하게 처리할 수 있는 경우로서 환경부령으로 정하는 경우

(나) 설치면제자 준수사항(시행규칙 제44조, [별표 14])

1. 공정변경 등 배출허용기준을 초과할 우려가 있다고 판단되는 경우에는 방지시설 설치
2. 폐수의 처리, 보관방법 등(폐수 위탁처리, 폐수 성상별 분리보관 등) 준수

※ 위반 시 허가·변경허가 취소, 배출시설 폐쇄/전부·일부에 대한 개선 또는 6개월 이내 조업정지

3) 위탁처리 대상 폐수(시행령 제33조 제2호, 시행규칙 제41조)

1. 1일 50세제곱미터 미만(폐수배출시설 설치제한지역에서는 20세제곱미터 미만)으로 배출되는 폐수(다만, 지식산업센터에서 고정된 관망으로 이송처리시 폐수량 제한없이 위탁처리 가능)
2. 사업장에 있는 폐수배출시설에서 배출되는 폐수 중 다른 폐수와 그 성상이 달라 수질오염방지시설에 유입될 경우 적정한 처리가 어려운 폐수로서 1일 50세제곱미터 미만(폐수배출시설설치제한지역에서는 20세제곱미터 미만)으로 배출되는 폐수
3. 삭제
4. 수질오염방지시설의 개선이나 보수 등과 관련하여 배출되는 폐수로서 시·도지사와 사전 협의된 기간에만 배출되는 폐수
5. 그 밖에 환경부장관이 위탁처리 대상으로 하는 것이 적합하다고 인정하는 폐수

(6) 규제 5: 배출/방지시설의 운영

배출시설 또는 방지시설의 설치 완료 후 시설의 가동 전에 가동시작 신고를 하고 배출/방지시설의 정상운영 등 관리하도록 규율하고 있음. 배출시설 등의 가동시작 신고 등 주요 배출 규제 및 관리 사항은 다음과 같음.

1) 배출시설 등의 가동시작 신고

(가) 가동시작 신고

- 사업자는 배출시설 또는 방지시설의 설치를 완료하거나 배출시설의 변경을 완료하여 배출시설 및 방지시설을 가동하려면 환경부령으로 정하는 바에 따라 미리 환경부장관에게 가동시작 신고(법 제37조 제1항)
- 가동시작 신고를 한 사업자는 환경부령으로 정하는 기간 이내에 배출시설에서 배출되는 수질오염물질이 배출허용기준 이하로 처리될 수 있도록 방지시설 운영(동조 제2항)

(나) 시운전기간(시행규칙 제47조 제1항)

- 폐수처리방법이 생물화학적 처리방법인 경우: 가동시작일부터 50일. 다만, 가동시작일이 11월 1일부터 다음 연도 1월 31일까지에 해당하는 경우에는 가동시작일부터 70일로 함
- 폐수처리방법이 물리적 또는 화학적 처리방법인 경우: 가동시작일부터 30일

※ 개선명령(제39조), 조업정지명령(제40조), 배출부과금(제41조) 규정을 적용하지 아니함

2) 배출시설/방지시설의 운영

(가) 금지되는 행위

- 사업자 또는 방지시설을 운영하는 자(공동방지시설 운영기구의 대표자 포함)는 다음 각 호의 행위를 하여서는 아니 되고(법 제38조 제1항), 위반 시 행정처분 및 벌칙 대상이 됨.

1. 배출시설에서 배출되는 수질오염물질을 방지시설에 유입하지 아니하고 배출하거나 방지시설에 유입하지 아니하고 배출할 수 있는 시설을 설치하는 행위
2. 방지시설에 유입되는 수질오염물질을 최종 방류구를 거치지 아니하고 배출하거나 최종 방류구를 거치지 아니하고 배출할 수 있는 시설을 설치하는 행위
3. 배출시설에서 배출되는 수질오염물질에 공정(工程) 중 배출되지 아니하는 물 또는 공정 중 배출되는 오염되지 아니한 물을 섞어 처리하거나 제32조에 따른 배출허용기준을 초과하는 수질오염물질이 방지시설의 최종 방류구를 통과하기 전에 오염도를 낮추기 위하여 물을 섞어 배출하는 행위. 다만, 환경부장관이 환경부령으로 정하는 바에 따라 희석하여야만 수질오염물질을 처리할 수 있다고 인정하는 경우 등 제외
4. 그 밖에 배출시설 및 방지시설을 정당한 사유 없이 정상적으로 가동하지 아니하여 제32조에 따른 배출허용기준을 초과한 수질오염물질을 배출하는 행위

(나) 예외적으로 희석처리가 허용되는 경우

– 수질오염물질의 희석처리가 금지되나(법 제38조 제1항 제3호 본문), 예외적으로 허용됨(동호 단서).

시·도지사가 희석하여야만 수질오염물질의 처리가 가능하다고 인정할 수 있는 경우는 수질오염방지공법상 희석하여야만 수질오염물질의 처리가 가능한 경우를 말함(시행규칙 제48조 제1항)

1. 폐수의 염분이나 유기물의 농도가 높아 원래 상태로는 생물화학적 처리가 어려운 경우
2. 폭발의 위험 등이 있어 원래의 상태로는 화학적 처리가 어려운 경우

희석처리 인정 증명 관련 제출 자료(시행규칙 제48조 제2항)

1. 처리하려는 폐수의 농도 및 특성
2. 희석처리의 불가피성
3. 희석배율 및 희석량

3) 배출/방지시설 운영 관련 행정처분 및 벌칙

(가) 행정처분(법 제71조, 시행규칙 제105조, [별표 22])

① 일반기준

1. 위반사항이 두 가지 이상인 경우에는 각 위반사항에 따라 각각 처분
2. 위반행위의 횟수에 따라 최근 1년(제2호 가목의 경우 2년)간 같은 위반행위로 행정처분을 받은 경우 높은 차수 적용

※ 제2호 가목: 배출시설 및 방지시설 등과 관련된 행정처분 기준

② 개별기준

위반사항	근거법령	행정처분기준			
		1차	2차	3차	4차
2) 거짓이나 그 밖의 부정한 방법으로 법 제33조제1항부터 제3항까지의 규정에 따른 폐수배출시설 설치허가·변경허가를 받았거나, 신고·변경신고를 한 경우	법 제42조 제1항 제2호	허가 취소/ 폐쇄 명령	-	-	-
3) 법 제33조제2항 또는 제3항에 따른 폐수배출시설 변경신고를 하지 아니한 경우	법 제42조 제2항 제1호	경고	경고	조업 정지 5일	조업 정지 10일

4) 법 제35조에 따른 방지시설(공동방지시설을 포함한다)의 설치·운영과 관련된 행정처분	법 제42조 제1항 제7호			-	-
가) 방지시설을 설치하지 아니하고 폐수배출시설을 가동한 경우		조업정지	허가취소/폐쇄명령		
6) 법 제38조제1항 각 호의 어느 하나에 해당하는 행위를 한 경우	법 제42조 제1항 제10호				
라) 법 제38조제1항제3호 단서에 따른 인정을 받지 아니하고 수질오염물질을 희석하여 배출한 경우		조업정지 10일	조업정지 30일	허가취소 또는 폐쇄	-
바) 그 밖에 폐수배출시설 및 방지시설을 정당한 사유 없이 정상적으로 가동하지 아니하여 배출허용기준을 초과한 수질오염물질을 배출한 경우					
(1) 법 제33조제7항 및 제8항에 따른 배출시설의 설치제한지역에 설치된 폐수배출시설의 경우		조업정지 3개월	허가취소 또는 폐쇄명령	-	-
(2) (1) 외의 경우		조업정지 10일	조업정지 30일	허가취소 또는 폐쇄	-
7) 법 제38조제3항에 따른 폐수배출시설 및 방지시설의 운영에 관한 관리기록을 거짓으로 기록하거나 보존·비치하지 아니한 경우	법 제42조 제2항 제2호	경고	경고	조업정지 10일	조업정지 20일

10) 법 제33조제1항 내지 제3항에 따른 폐수배출시설 설치허가(변경허가를 포함한다)를 받지 아니하거나 신고를 하지 아니하고 폐수배출시설을 설치하거나 사용한 경우	법 제44조 본문 등	사용 중지/ 폐쇄 명령	-	-	-

(나) 벌칙 및 과태료

위반사항	근거법령	벌칙
허가 또는 변경허가를 받지 아니하거나 거짓으로 허가 또는 변경허가를 받아 배출시설을 설치 또는 변경하거나 그 배출시설을 이용하여 조업한 자	법 제75조 제1호	7년 이하의 징역 또는 7천만 원 이하의 벌금
배출시설의 설치를 제한하는 지역에서 제한되는 배출시설을 설치하거나 그 시설을 이용하여 조업한 자	법 제75조 제2호	7년 이하의 징역 또는 7천만 원 이하의 벌금
신고를 하지 아니하거나 거짓으로 신고를 하고 배출시설을 설치하거나 그 배출시설을 이용하여 조업한 자	법 제76조 제2호	5년 이하의 징역 또는 5천만 원 이하의 벌금
제38조 제1항 각 호의 어느 하나에 해당하는 행위를 한 자	법 제76조 제3호	5년 이하의 징역 또는 5천만 원 이하의 벌금
제37조 제1항에 따른 가동시작 신고를 하지 아니하고 조업한 자	법 제78조 제8호	1년 이하의 징역 또는 1천만 원 이하의 벌금

(7) 규제 6: 측정기기의 부착 및 운영

1) 측정기기의 부착(법 제38조의 2 제1항)

수질오염물질이 제32조에 따른 배출허용기준, 제12조제3항 또는 「하수도법」 제7조에 따른 방류수 수질기준에 맞는지를 확인하기 위하여 적산전력계,

적산유량계, 수질자동측정기기 등 측정기기를 부착하여야 함.

2) 측정기기 부착 대상(법 제39조의 2 제1항)

1. 대통령령으로 정하는 폐수배출량 이상의 사업장을 운영하는 사업자. 다만, 제33조제1항 단서 또는 같은 조 제2항에 따른 폐수무방류배출시설의 설치허가 또는 변경허가를 받은 사업자는 제외한다.
2. 대통령령으로 정하는 처리용량 이상의 방지시설(공동방지시설을 포함한다)을 운영하는 자
3. 대통령령으로 정하는 처리용량 이상의 공공폐수처리시설 또는 공공하수처리시설을 운영하는 자
4. 제62조제3항에 따른 폐수처리업자 중 폐수의 처리용량 또는 처리수의 배출형태가 대통령령으로 정하는 기준에 해당하는 폐수처리시설을 운영하는 자. 다만, 제62조제2항제2호에 따른 폐수 재이용업만 영위하는 자는 제외한다.

3) 측정기기 관련 금지행위 및 운영·관리기준

① 금지되는 행위(법 제38조의3 제1항)

1. 고의로 측정기기를 작동하지 아니하게 하거나 정상적인 측정이 이루어지지 아니하도록 하는 행위
2. 부식, 마모, 고장 또는 훼손으로 정상적인 작동을 하지 아니하는 측정기기를 정당한 사유 없이 방치하는 행위
3. 측정 결과를 누락시키거나 거짓으로 측정 결과를 작성하는 행위
4. 측정기기 관리대행업자에게 측정값을 조작하게 하는 등 측정·분석 결과에 영향을 미칠 수 있는 행위

② 운영·관리기준(동조 제2항, 시행규칙 제50조)

환경오염공정시험기준에 부합, 형식승인 받은 기기 부착, 수질원격감시체계(TMS) 상시 전송 등

(8) 규제 7: 배출부과금

폐수 배출의 정도에 따라 배출부과금을 부과하는데, 이는 기본/초과배출금으로 구분되고 구체적인 요건, 부과시 고려사항 등은 아래 [표 3-9]와 같음(법 제41조).

[표 3-9] 물환경보전법상 기본배출부과금과 초과배출부과금

구분	기본배출부과금	초과배출부과금
요건	가. 배출시설(폐수무방류배출시설은 제외)에서 배출되는 폐수 중 수질오염물질이 배출허용기준 이하로 배출되나 방류수 수질기준을 초과하는 경우 나. 공공폐수처리시설 또는 공공하수처리시설에서 배출되는 폐수 중 수질오염물질이 방류수 수질기준을 초과하는 경우	가. 수질오염물질이 배출허용기준을 초과하여 배출되는 경우 나. 수질오염물질이 공공수역에 배출되는 경우(폐수무방류배출시설로 한정)
고려사항(공통)	1. 배출허용기준 초과 여부 2. 배출되는 수질오염물질의 종류 3. 수질오염물질의 배출기간 4. 수질오염물질의 배출량 5. 자가측정 여부 6. 그 밖에 수질환경의 오염 또는 개선과 관련되는 사항으로서 환경부령으로 정하는 사항	

※ 1. 배출부과금은 방류수 수질기준 이하로 배출하는 사업자(폐수무방류배출시설은 제외)에 대해서는 부과하지 아니하며, 대통령령으로 정하는 양 이하의 수질오염물질을 배출하는 사업자 및 다른 법률에 따라 수질오염물질의 처리비용을 부담한 사업자에 대해서는 배출부과금을 감면할 수 있음(동조 제3항)

2. 배출부과금을 내야 할 자가 기한 내 납부하지 아니하면 가산금을 징수함(법 제41조 제4항)

(9) 규제 8: 수질오염물질 측정/운영기록 보존/특정수질유해물질 배출량 조사

- (측정) 사업자는 배출시설 및 방지시설을 적정하게 운영하기 위하여 배출되는 수질오염물질을 스스로 측정하거나, 측정대행업자에게 측정하게 할 수 있음(법 제46조).

※ 수질오염물질의 측정은 의무사항 X(벌칙 및 과태료 없음, 배출부과금 부과 시 고려)

- (기록·보존) 사업자 또는 방지시설을 운영하는 자는 조업을 할 때에는 환경부령으로 정하는 바에 따라 그 배출시설 및 방지시설의 운영에 관한 상황을 사실대로 기록하여 보존(법 제38조 제3항)

※ 시설의 가동시간, 폐수배출량, 약품투입량, 시설관리 및 운영자, 그 밖에 시설운영에 관한 중요사항을 운영일지에 매일 기록, 최종 기록일부터 1년간 보존(동법 시행규칙 제49조)

- (배출량조사) 배출시설 설치허가를 받은 자는 매년 사업장(1~3종 사업장)에서 배출되는 특정수질유해물질의 종류, 취급량·배출량 등을 조사하여, 그 결과를 환경부장관에게 제출(법 제46조의2 제1항)

(10) 규제 9: 환경기술인

1) 환경기술인의 임명 및 자격기준

- 임명: 사업자는 배출시설과 방지시설의 정상적인 운영·관리를 위하여 대통령령으로 정하는 바에 따라 환경기술인을 임명하여야 함(법 제47조 제1항, 시행령 제59조).
  - 최초로 배출시설을 설치한 경우: 가동시작 신고와 동시
  - 환경기술인을 변경 임명하는 경우: 사유가 발생한 날부터 5일 이내

- 자격기준: 사업장 규모(제1~5종)별로 자격기준을 달리 정하고 있음(시행령 제59조제2항, [별표 17]).

※ 기업활동 규제완화에 관한 특별조치법(약칭: 기업규제완화법)에 따라 임명 인원 등은 달라질 수 있음

2) 환경기술인 등의 교육

- 폐수처리업 종사 기술요원 또는 환경기술인을 고용한 자는 환경부령으로 정하는 바에 따라 그 해당자에게 환경부장관, 시·도지사 등이 실시하는 교육을 받게 하여야 함(법 제67조 제1항, 시행규칙 제93조).
  - 교육주기: 최초교육(최초 업무에 종사한 날부터 1년이내), 보수교육(최초 교육 후 3년마다)
  - 교육기관: 국립환경인재개발원, 한국상하수도협회, 한국환경보전원

3) 위반시 행정처분(법 제71조, 시행규칙 제105조 [별표 22])

위반사항	근거 법령	행정처분기준			
		1차	2차	3차	4차
13) 법 제47조에 따른 환경기술인과 관련된 행정처분					
가) 환경기술인을 임명하지 아니한 경우*	법 제42조 제2항 제3호	선임명령	경고	조업정지 5일	조업정지 10일
나) 환경기술인의 자격이 기준에 미달된 경우		경고	경고	경고	조업정지 5일
다) 환경기술인이 비상근인 경우		경고	경고	경고	조업정지 5일

* 과태료(1천만 원 이하)의 대상이 되기도 함(제82조 제1항 제4호)

(11) 규제 10: 비점오염원

1) 비점오염원의 설치신고·준수사항·개선명령 등(법 제53조)

(가) 비점오염원의 설치신고

– 비점오염원의 신고 대상자(법 제53조 제1항)

1. 일정 규모 이상의 도시 개발, 산업단지의 조성, 그 밖에 비점오염원에 의한 오염 유발하는 사업을 하려는 자
2. 일정 규모 이상의 제철시설, 섬유염색시설, 그 밖에 대통령령으로 정하는 폐수배출시설을 설치하는 자

– 비점오염원의 신고 대상 사업(시행령 제72조)

「환경영향평가법」 시행령 [별표 3]의 제1호부터 제17호까지에 해당하는 사업

1. 도시의 개발
2. 산업입지 및 산업단지의 조성
3. 에너지 개발
4. 항만의 건설*
5. 도로의 건설
6. 수자원의 개발
7. 철도(도시철도 포함)의 건설
8. 공항 또는 비행장의 건설
9. 하천의 이용 및 개발
10. 개간 및 공유수면의 매립*
11. 관광단지의 개발
12. 산지의 개발
13. 특정지역의 개발

14. 체육시설의 설치
15. 폐기물처리시설·분뇨처리시설 및 가축분뇨처리 시설의 설치
16. 국방·군사 시설의 설치
17. 토석·모래·자갈·광물 등의 채취

*「공유수면 관리 및 매립에 관한 법률」 제2조 제1호 가목의 바다에서만 시행하는 사업은 제외

– 신고대상자는 비점오염저감계획서 등 제출하여야 함(법 제53조 제2항)

(나) 비점오염저감시설 설치

– "비점오염원설치신고사업자"는 환경부령으로 정하는 시점[공사 중 발생: 공사개시 전, 공사완료 후 발생: 공사 준공 시(혹은 1년 이내)]까지 비점오염저감시설을 설치(법 제53조 제5항).

– 사업자 준수사항: i) 비점오염저감계획서 내용 이행, ii) 비점오염저감시설 설치기준 유지 등 적정관리 등(동조 제6항)

– 위반시 비점오염저감계획 이행 또는 비점오염저감시설 설치·개선 명령(동조 제7항)

(다) 비점오염원 관련 벌칙 및 과태료

위반사항	근거법령	벌칙 등
제53조 제5항 각 호 외의 부분 본문에 따른 비점오염저감시설을 설치하지 아니한 자	법 제78조 제12호	1년 이하의 징역 또는 1천만원 이하의 벌금
제53조 제7항에 따른 비점오염저감계획의 이행 명령 또는 비점오염저감시설의 설치·개선 명령을 위반한 자	법 제78조 제13호	1년 이하의 징역 또는 1천만원 이하의 벌금

제53조 제1항에 따른 신고를 하지 아니한 자	법 제82조 제1항 제5호	1천만원 이하의 과태료
제53조 제1항 후단에 따른 변경신고를 하지 아니한 자	법 제82조 제2항 제5호	300만원 이하의 과태료
비점오염저감계획서를 이행하지 아니하거나 법 제53조 제5항 및 동법 시행령 제76조에 따른 저감 시설의 관리·운영의 기준을 지키지 아니한 경우	법 제53조 제7항	저감시설 설치 또는 개선 명령(1차)

NOTE

기업환경규제 대응을 위한

'한눈에 쏙' 환경법

Ⅳ
폐기물 관리(폐기물관리법)

1 자원순환 분야 법 체계

국내 자원순환 분야의 주요 법률은 순환경제사회법(구 자원순환기본법), 폐기물관리법 등 약 10여개의 법률이 있는데(그림 4. 1.), 본 장에서는 '기업 환경 규제 6법' 관련 폐기물관리법의 주요한 내용만 다룸.

[그림 4. 1.] 자원순환 분야 법 체계

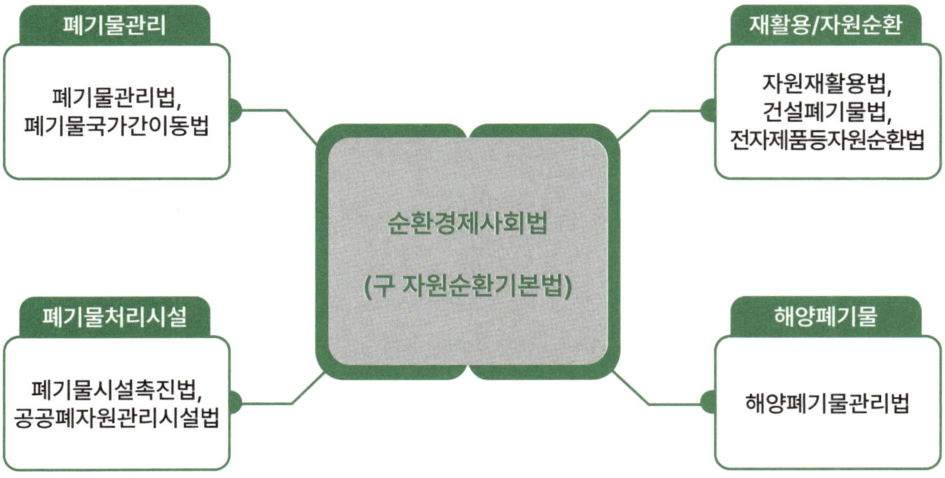

2 자원순환 분야 입법·정책의 변화

- 앞서 Ⅰ. 환경법 개요 2. 그간의 입법/정책 동향에서 서술한 바와 같이 환경법 분야는 1963년 11월「공해방지법」과 1977년 12월「환경보전법」으로 시작됨.
- 자원순환 분야 관련 오물청소법(생활폐기물)과 환경보전법(사업장폐기물)이 통합되어 1986년 12월 폐기물관리법으로 제정됨. 폐기물관리법은 1990년에 환경정책기본법이 제정되기 전에 제정되어 현재까지 약 40년간 운영되었고 잦은 개정 등으로 인해 실무적으로 환경 규제 중에 가장 복잡한 규제로 인식되고 있음.
- 이후 자원순환 정책의 추진 등으로 인해 자원재활용법, 자원순환기본법 등이 제정되고 최근 국내외적으로 탄소중립, 순환경제 등의 중요성이 부각되면서 자원순환기본법이 순환경제사회법으로 전부 개정됨.
- 그간의 자원순환 분야 입법 및 정책의 변화를 요약, 정리하면 다음과 같음.

① 유년기(~ 1980년)

- 본격적인 경제개발 → 환경오염 대응 필요성 대두
- 폐기물 정책: 오물(생활)/산업폐기물 처리(매립, 노천투기 등) → 폐기물의 안전한 처리('80년대)
- 구 공해방지법 제정·시행('63. 11.·'64. 1.), 시행규칙('67. 5.)
- 법적·행정적 기반 미흡, 환경피해 등 이슈 부각
- 구 오물청소법 제정('61. 12.), 전부개정·시행('73. 3.·'73. 9.)
- 구 환경보전법 제정('77. 12.)

② 성장기(1980 ~ 1999)

- 중화학 공업중심 경제개발 → 환경오염 심화로 환경정책 강화 필요(낙동강페놀사건 발생(91. 3.)

- 폐기물 정책: 안전처리(위생매립, 소각 등) → 재활용('90년대)
- 환경청 발족('80. 1.) → 환경처 승격('90. 1.) → 환경부 승격('94. 12.)
- 폐기물관리법 제정·시행('86. 12.·'87. 4.) (오물청소법-환경보전법)
- 환경정책기본법 등 6개법으로 분법화('90. 8.),
- 폐기물관리법 전면개정('91. 9.), 자원재활용법 제정·시행('92. 12.·'93. 6.) 등
- 폐기물예치금/부담금('92~), 분리배출표시('94), 쓰레기종량제('95) 등

③ 발전기·성숙기(2000년 ~)

- 오염물질 사후처리 → 사전예방, 저탄소 녹색성장 등 중심으로 환경정책 전환 필요성 대두
- 폐기물 정책: 폐기물 처리, 재활용 → 자원순환('00년~)
  ※ 재활용 59%, 소각 25%, 매립 16%('14년 기준)
- 건설폐기물의 재활용촉진에 관한 법률 시행('05.1.), 전기·전자제품 및 자동차의 자원순환에 관한 법률 시행('08.1.) 등
- 생산자책임재활용(EPR)제도('03), 폐기물에너지화시설 설치('08) 등
- 하수슬러지 직매립금지('03), 음식물폐기물 직매립금지('05) 등

④ 변화기(2015년 ~)

- 쓰레기 수거 대란, 불법 방치폐기물, 폐기물처리시설(소각/매립시설, 고형연료 등) 등 주요 이슈/사회문제 부각
- 폐기물 정책: 자원순환 및 순환경제 실현('감량-재사용-재활용-에너지 회수-매립' 등 우선순위 명확화)
- 자원순환기본법 시행('18.1), 자원순환기본계획('18.9~), 공공폐자원관리시설법 시행('21.06), 순환경제사회 전환 촉진법 시행('24.01)
- 재활용환경성평가제도('16), 폐기물처분부담금('18), 자원순환 정책 대전환('20), 수도권 대체 매립지 공모('21), 수도권('26) 및 전국('30) 직매립 금지 예정 등

3 폐기물관리법의 체계 개관

(1) 조문 체계

폐기물관리법의 전체 조문 체계는 제1장 총칙(제1조~제12조)부터 제7장 벌칙(제63조~제95조)로 구성되는데(그림 4. 2.), 제2장 폐기물의 배출과 처리(제13조~제19조), 제5장 지도와 감독(제34조~제44조) 및 제6장 보칙(제45조~제62조) 등에 주로 기업의 규제와 관련된 사항이 규정됨.

[그림 4. 2.] 폐기물관리법 조문 체계

제1장 총칙
(제1조~제12조)

- 목적, 정의
- 폐기물의 세부분류
- 적용범위
- 폐기물 관리의 기본원칙
- 국가와 지자체 책무
- 폐기물의 광역관리
- 생활폐기물의 발생지처리
- 반입협력금의 징수
- 처리시설 반입수수료
- 국민의 책무
- 폐기물의 투기금지 등

제2장 배출과 처리
(제13조~제24조)

- 폐기물의 처리기준 등
- 재활용 원칙 및 준수사항
- 재활용 시 환경성평가
- 재활용환경성평가기관
- 유해성 기준
- 생활폐기물의 처리 등
- 생활폐기물 배출자의 처리 협조 등
- 협약의 체결
- 사업장폐기물배출자의 의무 등
- 사업장폐기물의 처리/ 처리자의 의무

제3장 삭제
<2007. 8. 3>

제4장 폐기물처리업
(제25조~제33조)

- 폐기물처리업
- 결격사유
- 허가의 취소 등
- 처리업자 과징금 처분
- 폐기물처리시설 설치
- 폐기물처리시설의 검사
- 폐기물처리시설의 관리
- 허가신고 등의 의제
- 권리의무의 승계 등

제5장 지도와 감독 등 규제
(제34조~제44조)

- 기술관리인
- 폐기물처리 담당자 교육
- 장부 등의 기록과 보전
- 휴업과 폐업등의 신고
- 보고서 제출
- 보고 · 검사 등
- 배출자 폐기물 처리명령
- 처리업자 처리명령
- 방치폐기물 처리
- 폐기물 처리 공제조합
- 조합의 사업
- 분담금
- 민법의 준용

제6장 보칙
(제45조~제62조)

- 인계인수 내용 등 전산처리
- 폐기물처리 신고
- 신고자에 대한 과징금 처분
- 폐기물의 회수조치
- 폐기물의 반입정지명령
- 폐기물 처리에 대한 조치명령 등
- 의견 제출
- 폐기물처리자문위원회
- 폐기물적정처리 추진센터
- 과징금
- 대집행
- 처리시설의 사후관리 등
- 사후관리이행보증금
- 사후관리이행보증금 사전 적립/용도 등
- 토지 이용 제한 등
- 폐기물 처리사업의 조정
- 국고 보조 등
- 처리시설 설치비용 지원
- 폐기물 처리실적의 보고
- 한국폐기물협회
- 수수료
- 행정처분의 기준
- 청문
- 권한, 업무 위임과 위탁
- 공무원 의제
- 규제의 재검토

제7장 벌칙
(제63조~제68조)

- 벌칙(제63~66조)
- 양벌규정(제67조)
- 과태료(제68조)

(2) 폐기물의 정의와 분류

1) 폐기물의 정의(폐기물성)

- 폐기물관리법상 폐기물의 정의를 보면 다소 추상적이고 모호함. 다만 동법의 집행기관인 환경부 유권해석에 의하면 다른 법률에 특별한 규정(적용 제외)가 없는 한 '폐기물'의 범위에 포함되는 물질의 처리에는 폐기물관리법이 적용됨.
- 한편, 대법원 판례에 의하면 객관적 사용 가치(유가성, 지속거래 등), 주관적 사용 의사 등을 종합적으로 고려하여 구체적인 사안별로 폐기물에 해당되는지 여부, 즉 '폐기물성'의 판단을 달리함[표 4-1].

[표 4-1] 폐기물성의 판단

구분	내용	비고
법률	쓰레기, 연소재(燃燒滓), 오니(汚泥), 폐유(廢油), 폐산(廢酸), 폐알칼리 및 동물의 사체(死體) 등으로서 사람의 생활이나 사업활동에 필요하지 아니하게 된 물질	폐기물관리법 제2조 제1호 자원재활용법 제2조 제12호
환경부	• 다른 법률에 특별한 규정(적용제외)이 없는 한 '폐기물'의 범위에 포함되는 물질의 처리는 폐기물관리법 적용 • 재활용이 가능하다고 하여 폐기물에서 제외되는 것은 아니고 재활용이 완료된 경우(자원재활용법 등에 따른 제품)에 '폐기물성' 상실 • 처리 공정을 거친 후 생산공정에 재투입 또는 외부로 반출하여 재활용하는 경우 등 폐기물에 해당 • 연속 공정 또는 별도 처리공정 없이 원료로 재투입하는 경우 폐기물에 해당되지 않음	질의회신, 유권해석 등

판례	• 법원은 객관적 사용 가치(유가성, 지속거래 등), 주관적 사용 의사 등을 종합적으로 고려하여 구체적인 사안별로 판단을 달리함. • "사업활동에 필요하지 아니하게 된 물질은 비록 그 물질이 재활용의 원료로 공급된다는 사정만으로는 폐기물로서의 성질을 상실하지 않는다"고 판시함(대법원 2001. 6. 1. 선고 2001도70 판결, 대법원 2003. 2. 28. 선고 2002도6081 판결 등) • '객관적으로 사람의 생활이나 사업활동에 필요하다고 사회통념상 승인될 정도에 이르렀다면 그 물질은 그 폐기물로서의 속성을 잃고 폐기물에 해당한다고 볼 수 없다'고 판시함(대법원 2002. 12. 26. 선고 2002도3116 판결, 대법원 2008. 6. 12. 선고 2008도3108 판결 등)	

2) 국내외 폐기물의 정의

– 다음과 같이 국가별로 폐기물의 정의를 달리하고 있음[표 4-2].

[표 4-2] 국가별 폐기물의 정의

구분	내용	비고
한국	쓰레기, 연소재(燃燒滓), 오니(汚泥), 폐유(廢油), 폐산(廢酸), 폐알칼리 및 동물의 사체(死體) 등으로서 사람의 생활이나 사업활동에 필요하지 아니하게 된 물질	폐기물관리법
미국	폐기물을 크게 비유해 폐기물(Solid Waste)과 유해 폐기물(Hazardous Waste)로 구분하고, '비유해 폐기물(Non-hazardous solid Wastes)'은 쓰레기(garbage), 쓸모없는 것(refuse) 등 고체, 액체 및 기체 물질을 포함하는 상당히 넓은 개념	자원보전재생법 (Resource Conservation and Recovery Act: RCRA)
EU	"소유자(holder)가 버리거나(discards), 버리고자 하거나 버릴 것이 요구되는(intends or is required to discard) 물질(substance) 또는 물건(object)"	폐기물기본지침 (Waste Framework Directive: WFD)

독일	폐기물 분류에 속하는 동산으로서, 점유자가 처리하거나 혹은 처리하려고 하거나 또는 처리하여야 하는 것을 의미하며, 재활용할 수 있는 폐기물은 "재활용되는 폐기물(Abafalle zur Verwertung)"이고, 재활용할 수 없는 폐기물은 "처리되는 폐기물(Abafalle zur Beseitigung)"	순환경제폐기물법 (Kreislaufwirtschafts- und Abfallgesetz: KrW-/AbfG)
일본	"쓰레기, 조대(粗大)쓰레기, 연소재, 오니, 분뇨, 폐유, 폐산, 폐알칼리, 동물의 사체, 그 밖의 오물 또는 불요물(不要物)로서, 고형상태 또는 액체상태의 것(방사성물질 및 그에 의해 오염된 물질은 제외)"	폐기물의 처리 및 청소에 관한 법률 (廃棄物の処理及び清掃に関する法律: 폐기물처리법)

Source : 자원순환사회 기반마련을 위한 폐기물 판단기준 마련 연구('19.9)

3) 국내 폐기물 분류

- 폐기물은 크게 ① 사업장폐기물 외의 폐기물인 **생활폐기물**과 ② **사업장폐기물**로 구분하는데, "사업장폐기물"은 「대기환경보전법」, 「물환경보전법」 또는 「소음·진동관리법」에 따라 배출시설을 설치·운영하는 사업장이나 그 밖에 대통령령으로 정하는 사업장에서 발생하는 폐기물을 말함(법 제2조 제3호).

- 사업장폐기물은 폐기물관리법에 의한 ① 지정폐기물, ② 의료폐기물과 건설폐기물법에 의한 ③ 건설폐기물로 구분할 수 있음.

  ① "지정폐기물"이란 사업장폐기물 중 폐유·폐산 등 주변 환경을 오염시킬 수 있거나 의료폐기물(醫療廢棄物) 등 인체에 위해(危害)를 줄 수 있는 해로운 물질로서 대통령령으로 정하는 폐기물을 말함(법 제2조 제4호).

② “의료폐기물”이란 보건 · 의료기관, 동물병원, 시험·검사기관 등에서 배출되는 폐기물 중 인체에 감염 등 위해를 줄 우려가 있는 폐기물과 인체 조직 등 적출물(摘出物), 실험 동물의 사체 등 보건 · 환경보호상 특별한 관리가 필요하다고 인정되는 폐기물로서 대통령령으로 정하는 폐기물을 말함(동조 제5호).

③ 한편「건설산업기본법」제2조제4호에 해당하는 건설공사(이하 “건설공사”라 한다)로 인하여 건설현장에서 발생하는 5톤 이상의 폐기물(공사를 시작할 때부터 완료할 때까지 발생하는 것만 해당한다)로서 대통령령으로 정하는 것을 말함(건설폐기물법 제2조 제1호, 시행령 제2조, [별표 1]).

NOTE

– 국내법상 폐기물의 분류는 그림 4. 3.과 같음.

[그림 4. 3.] 국내법상 폐기물의 분류

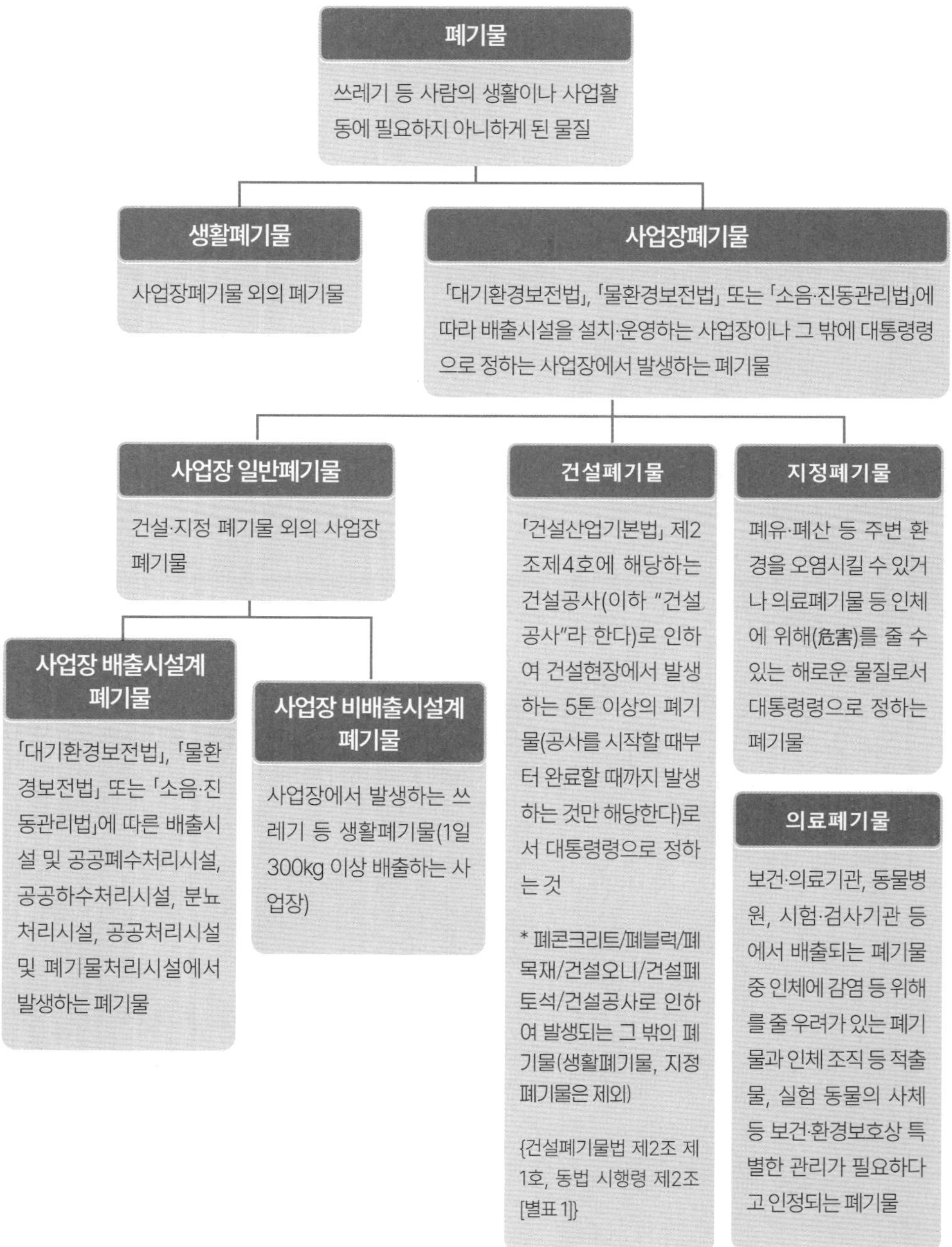

(3) 국내 폐기물 관리체계

- 국내 폐기물의 처리 단계별(배출-수집·운반-처리) 관리 체계는, 기본적으로 사업장폐기물이 발생하는 경우 1차적으로 수집·운반 업체를 통해 사업장에서 처리시설로 수집·운반되고, 폐기물의 종류, 성상 등에 따라 재활용, 소각, 매립 등 각각의 시설에서 처리되는 체계임(아래 그림 4. 4.).

- 동법에서 "처리"란 폐기물의 수집, 운반, 보관, 재활용, 처분을 말하고(법 제2조 제5의3호), "처분"이란 폐기물의 소각(燒却)·중화(中和)·파쇄(破碎)·고형화(固形化) 등의 중간처분과 매립하거나 해역(海域)으로 배출하는 등의 최종처분을 말함(동조 제6호).

[그림 4. 4.] 국내 폐기물의 처리 단계별(배출-수집·운반-처리) 관리 체계

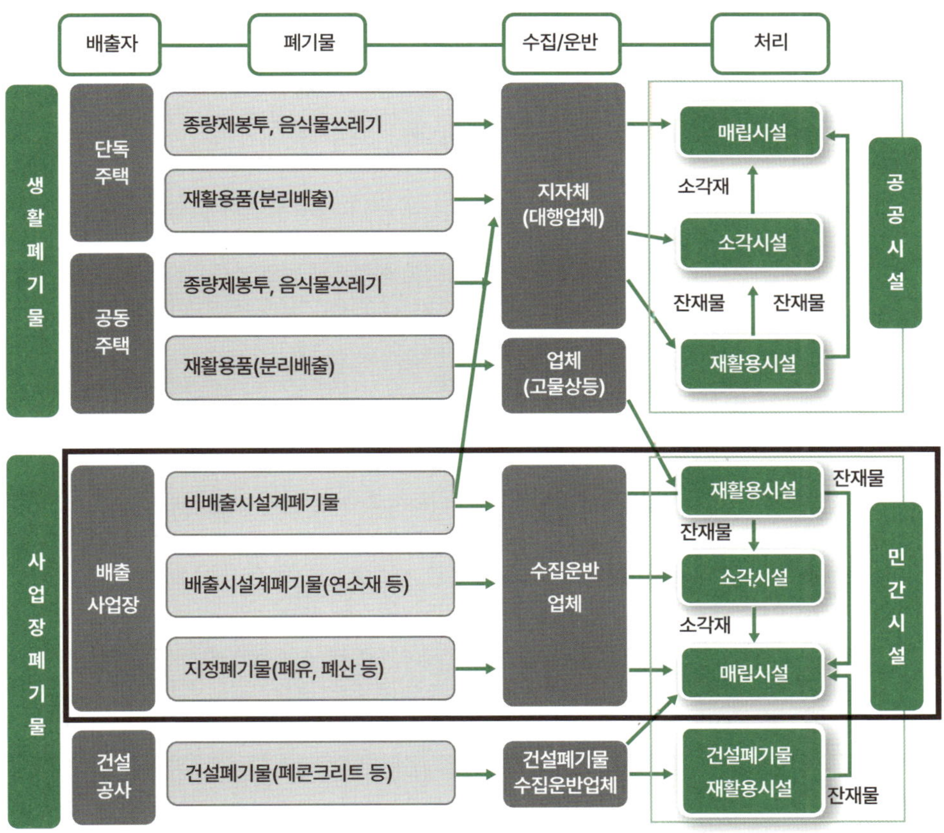

(4) 폐기물 처리시설의 종류

"폐기물처리시설"이란 폐기물의 중간처분시설, 최종처분시설 및 재활용시설로서 대통령령으로 정하는 시설을 말하는데(법 제2조 제8호), 폐기물 처리시설의 세부적인 종류는 아래 [표 4-3]과 같음(시행령 제5조, [별표 3]).

[표 4-3] 폐기물 처리시설의 세부적인 종류

구분	세부내용
중간처분시설	• **소각시설:** 일반, 고온, 열분해, 고온 용융, 열처리 조합 시설 • **기계적처분시설:** 압축, 파쇄·분쇄, 절단, 용융, 증발·농축, 정제(분리·증류·추출·여과등 포함), 유수 분리, 탈수·건조, 멸균분쇄 시설 • **화학적처분시설:** 고형화·고화·안정화, 반응(중화·산화·환원·중합·축합·치환 등 화학적 반응에 의한 방법), 응집·침전 시설 • **생물학적처분시설:** 소멸화, 호기성·혐기성·분해 시설 • 그 밖에 환경부장관이 안전하게 중간처분 할 수 있다고 고시하는 시설
최종처분시설	• **매립시설:** 차단형, 관리형(침출수 처리, 가스소각·발전·연료화 등 부대시설 포함) • 그 밖에 환경부장관이 안전하게 최종처분 할 수 있다고 고시하는 시설
재활용시설	• **기계적 재활용시설:** 압축·압출·성형·주조시설(동력 7.5kW 이상인 시설로 한정), 파쇄·분쇄·탈피 시설(동력 15kW 이상인 시설로 한정), 절단시설(동력 7.5kW 이상인 시설로 한정) 등 • **화학적 재활용시설:** 고형화·고화 시설, 반응시설(화학반응을 이용하여 폐기물을 재활용하는 단위시설을 포함), 응집·침전 시설, 열분해시설(가스화시설 포함) • **생물학적 재활용시설:** 부숙(썩혀서 익히는 것), 사료화(건조에 의한 사료화 포함), 퇴비화(건조에 의한 퇴비화, 지렁이 분변토 생산시설 및 생석회 처리시설 포함), 동애등에 분변토, 부숙토 생산시설, 호기성·혐기성 분해시설, 버섯재배시설 등 • 시멘트 소성로, 용해로(비철금속추출용), 소성·탄화, 골재가공시설, 의약품제조시설, 소각열 회수시설(에너지회수용), 수은회수시설, 선별시설(재활용이 가능한 폐기물 선별시설)

(5) 행정제재 및 행정벌

폐기물관리법을 위반하는 경우 행정처분, 벌칙 등이 부과될 수 있음[표 4-4].

[표 4-4] 폐기물관리법상 행정제재 및 행정벌

구분	내용	근거
벌칙	징역 또는 벌금	제63조(7년, 7천만 원)~ 제66조(2년, 2천만 원)
행정처분	허가의 취소 등(폐기물처리업) 폐기물 처리명령(배출자) 폐기물 처리명령(폐기물처리업자 등) 반입정지명령(폐기물처리업자) 조치명령 등 행정처분 기준	제27조 제39조의2 제39조의3 제47조의2 제48조 제60조
과징금	매출액 100분의5이하(폐기물처리업) 부적정처리이익의 3배 이하	제28조 제48조의5
과태료	경미한 위반	제68조(1000~100만 원)
양벌규정	업무 관련 위반행위자 외 법인 또는 개인(대표 등) 벌금형	제67조 (제63조~제66조 위반시)

NOTE

4 주요 규제 리스크

(1) 규제 1: 사업장폐기물의 관리

폐기물관리법에서 기업 관련 규제 대상은 사업장폐기물이고, 그 구체적인 내용은 주로 사업장폐기물의 재활용, 배출과 처리 등에 대해 규율하고 있음.

1) 규율대상: 사업장폐기물과 지정폐기물

(가) 사업장폐기물(제2조 제3호, 시행령 제2조)

– 「대기환경보전법」, 「물환경보전법」 등에 따라 배출시설을 설치·운영하는 사업장이나 그 밖에 대통령령으로 정하는 사업장에서 발생하는 폐기물

– 사업장의 범위(시행령 제2조)

> 1. 「물환경보전법」 제48조제1항에 따라 공공폐수처리시설을 설치·운영하는 사업장
> 2. 「하수도법」 제2조제9호에 따른 공공하수처리시설을 설치 · 운영하는 사업장
> 3. 「하수도법」 제2조제11호에 따른 분뇨처리시설을 설치 · 운영하는 사업장
> 4. 「가축분뇨의 관리 및 이용에 관한 법률」 제24조에 따른 공공처리시설
> 5. 법 제29조제2항에 따른 폐기물처리시설(법 제25조제3항에 따라 폐기물처리업의 허가를 받은 자가 설치하는 시설을 포함한다)을 설치 · 운영하는 사업장
> 6. 법 제2조제4호에 따른 지정폐기물을 배출하는 사업장
> 7. 폐기물을 1일 평균 300킬로그램 이상 배출하는 사업장

8. 「건설산업기본법」 제2조제4호에 따른 건설공사르 폐기물을 5톤(공사를 착공할 때부터 마칠 때까지 발생되는 폐기물의 양을 말한다)이상 배출하는 사업장

9. 일련의 공사(제8호에 따른 건설공사는 제외한다) 또는 작업으로 폐기물을 5톤(공사를 착공하거나 작업을 시작할 때부터 마칠 때까지 발생하는 폐기물의 양을 말한다)이상 배출하는 사업장

(나) 지정폐기물(제2조 제4호, 시행령 제3조 [별표 1])

- 사업장폐기물 중 폐유·폐산 등 주변 환경을 오염시킬 수 있거나 의료폐기물 등 인체에 위해를 줄 수 있는 해로운 물질로서 대통령령으로 정하는 폐기물

1. 특정시설에서 발생되는 폐기물(폐합성 고분자화합물, 오니류, 폐농약)
2. 부식성 폐기물(폐산, 폐알칼리 등)
3. 유해물질함유 폐기물(환경부령으로 정하는 물질을 함유한 것으로 한정)
   ※ 광재, 분진, 폐주물사, 소각재 등
4. 폐유기용제(할로겐족, 그 밖의 폐유기용제)
5. 폐페인트 및 폐래커
6. 폐유[기름성분을 5퍼센트 이상 함유한 것을 포함하며, 폴리클로리네이티드비페닐(PCBs)함유 폐기물, 폐식용유와 그 잔재물, 폐흡착제 및 폐흡수제는 제외]
7. 폐석면
8. 폴리클로리네이티드비페닐 함유 폐기물
9. 폐유독물질(「화학물질관리법」 제2조 제2호의 유독물질을 폐기하는 경우로 한정하되, 제1호 다목의 폐농약 등 제외)
10. 의료폐기물

10의2. 천연방사성제품폐기물

11. 수은폐기물(수은함유폐기물, 수은구성폐기물, 수은함유폐기물 처리잔재물)
12. 그 밖에 주변환경을 오염시킬 수 있는 유해한 물질로서 환경부장관이 정하여 고시하는 물질

2) 사업장폐기물의 처리 및 재활용

- 폐기물관리법에서는 폐기물의 처리기준, 재활용 원칙 및 준수사항 등에 대해 규율 하고 있는데, 이는 사업장폐기물에도 적용됨. 폐기물의 재활용을 원칙으로 하고 있으며, 종류별 세부분류에 따른 재활용 가능 유형을 규정하고 있음.

(가) 폐기물의 처리기준(법 제13조, 시행령 제7조 제1항, 시행규칙 제14조 [별표 5])

- 누구든지 폐기물을 처리하려는 자는 대통령령으로 정하는 기준과 방법 준수(주요 내용 발췌)

1. 폐기물의 종류와 성질·상태별로 재활용 가능성 여부, 가연성이나 불연성 여부 등에 따라 구분하여 수집·운반·보관할 것
2. 수집·운반·보관의 과정에서 폐기물이 흩날리거나 누출되지 아니하도록 하고, 침출수(沈出水)가 유출되지 아니하도록 하며, 침출수가 생기는 경우에는 환경부령으로 정하는 바에 따라 처리할 것
3. 해당 폐기물을 적정하게 처분, 재활용 또는 보관할 수 있는 장소 외로 운반하지 아니할 것
5. 폐기물은 폐기물 처분시설 또는 재활용시설에서 처리할 것
6. 폐기물을 처분 또는 재활용하는 자가 폐기물을 보관하는 경우에는 그 폐기물 처분시설 또는 재활용시설과 같은 사업장에 있는 보관시설에 보관할 것
11. 재활용이 가능한 폐기물은 재활용하도록 할 것

(나) 재활용 원칙 및 준수사항(법 제13조의2)

– 폐기물의 재활용은 네거티브 규제방식(원칙적 허용·예외적 금지)임

① 재활용 원칙: 누구든지 다음 각 호를 위반하지 아니하는 경우에는 폐기물 재활용 가능(제1항)

1. 비산먼지, 악취가 발생하거나 휘발성유기화합물, 대기오염물질 등이 배출되어 생활환경에 위해를 미치지 아니할 것
2. 침출수(浸出水)나 중금속 등 유해물질이 유출되어 토양, 수생태계 또는 지하수를 오염시키지 아니할 것
3. 소음 또는 진동이 발생하여 사람에게 피해를 주지 아니할 것
4. 중금속 등 유해물질을 제거하거나 안정화하여 재활용제품이나 원료로 사용하는 과정에서 사람이나 환경에 위해를 미치지 아니하도록 하는 등 대통령령으로 정하는 사항을 준수할 것
5. 그 밖에 환경부령으로 정하는 재활용의 기준(동법 시행규칙 제14조의3 제1항 [별표 5의3]) 준수

② 재활용이 금지·제한되는 폐기물(제2항)

1. 폐석면
2. 폴리클로리네이티드비페닐(PCBs)이 환경부령으로 정하는 농도(액체상태: 2mg/L 이상) 이상 포함
3. 의료폐기물(태반은 제외한다)
4. 폐유독물 등 인체나 환경에 미치는 위해가 매우 높을 것으로 우려되는 폐기물 중 대통령령으로 정하는 폐기물

③ 폐기물의 종류별 세부분류 및 재활용 가능 유형

㉮ **폐기물의 종류별 세부분류(시행규칙 제4조의2 제1항, [별표 4])**

- **(지정폐기물)** 특정시설에서 발생하는 폐기물(01)~그 밖에 환경부장관이 정하여 고시하는 폐기물(30-00-00) 등 세부분류[폐폴리에틸렌(01-01-01) 등]
- **(사업장일반폐기물)** 유기성오니류(51-01)~그 밖의 폐기물(51-99-00) 등 세부분류[정수처리오니(51-01-01)/폐토사(51-21-01)/폐유리(51-30-01) 등]

㉯ **폐기물의 재활용 유형별 세부분류(시행규칙 제4조의2 제2항, [별표4의2])**

1. 원형 그대로 또는 단순 수리·수선하여 재사용하는 유형(R-1, R-2)
2. 고상의 자원을 회수하거나 제품의 원료를 제조하는 유형 또는 제품을 제조하는 유형(R-3, R-4)
3. 농업이나 토질개선을 위하여 재활용하는 유형(R-5, R-6)
4. 토양이나 공유수면 등에 성토재·복토재·도로기층재·채움재 등으로 재활용하는 유형(R-7)
5. 에너지를 직접 회수하거나 회수할 수 있는 상태로 만드는 유형(R-8, R-9)
6. 제품 제조 등을 위한 중간가공폐기물을 만드는 유형(R-10)
7. 재활용환경성평가 승인을 받은 유형(R-11)

㉰ **폐기물의 종류별 재활용 가능 유형(시행규칙 제4조의2 제3항, [별표 5의3])**

- 폐기물 종류별 세부분류에 따른 재활용 유형에 맞게 재활용 가능

※ 예시: 폐토사(51-21-01)

분류번호	폐기물의 종류	재활용 유형	사전 분석 · 확인 필요 여부
51-21-01	폐토사	R-3-1, R-3-2, R-10	해당 없음
		R-4-2, R-7-1, R-7-2, R-7-3, R-7-6, R-10	해당

④ 재활용환경성평가: 다음 각 호에 해당하는 자는 재활용환경성평가기관으로부터 해당 폐기물의 재활용이 사람의 건강이나 환경에 미치는 영향을 조사·예측하여 해로운 영향을 피하거나 제거하는 방안 및 재활용기술의 적합성에 대한 평가를 받아야 함(법 제13조의3 제1항, 시행규칙 제14조의5).

1. 일정 규모* 이상의 폐기물 또는 폐기물을 토양 등과 혼합하여 만든 물질을 토양 · 지하수 · 지표수 등에 접촉시켜 복토재 · 성토재 · 도로기층재 등 용도 또는 방법으로 재활용하려는 자

* 일정 규모: 폐기물(토양 등과 미혼합): 12만톤 / 폐기물을 토양 등과 혼합하여 만든 물질: 12만톤 / 재활용 대상 부지 면적: 3만제곱미터

2. 법 제13조의2에 따른 폐기물 재활용의 원칙 및 준수사항을 정하지 아니한 폐기물을 재활용하려는 자

3) 사업장폐기물배출자의 의무

폐기물관리법에서는 사업장폐기물배출자의 의무 등을 규정하고 있음. 사업장폐기물의 경우 배출자 신고를 해야 하고, 지정폐기물의 경우 처리계획 확인 등 의무사항을 준수해야 함.

① 사업장폐기물을 배출하는 사업자는 다음 각 호의 사항을 준수해야 함(법 제17조 제1항).

1. 사업장에서 발생하는 폐기물 중 환경부령으로 정하는 유해물질의 함유량에 따라 지정폐기물로 분류될 수 있는 폐기물에 대해서는 환경부령으로 정하는 바에 따라 폐기물분석전문기관에 의뢰하여 지정폐기물에 해당되는지를 미리 확인

1의2. 사업장에서 발생하는 모든 폐기물을 제13조에 따른 폐기물의 처리 기준과 방법 및 제13조의2에 따른 폐기물의 재활용 원칙 및 준수사항에 적합하게 처리

2. 생산 공정(工程)에서는 폐기물감량화시설의 설치, 기술개발 및 재활용 등의 방법으로 사업장폐기물의 발생을 최대한으로 억제

3. 제18조제1항에 따라 폐기물의 처리를 위탁하려면 사업장폐기물배출자는 환경부령으로 정하는 위탁·수탁의 기준 및 절차를 따라야 하며, 해당 폐기물의 처리 과정이 제13조에 따른 폐기물의 처리 기준과 방법 또는 제13조의2에 따른 폐기물의 재활용 원칙 및 준수사항에 맞게 이루어지고 있는지를 환경부령으로 정하는 바에 따라 확인하는 등 필요한 조치

② 사업장폐기물배출자 의무(법 제17조, 제18조)

[표 4-5] 사업장폐기물배출자의 의무

구분	내용
보관 배출	• 폐기물분석전문기관에 의뢰하여 지정폐기물에 해당되는지를 미리 확인 • 사업장폐기물의 발생을 최대한으로 억제 • 종류와 성질·상태별로 재활용 가능성, 가연성/불연성 여부 등에 따라 구분 ※ '지붕과 벽면' 을 갖춘 보관창고에 보관, 사업장 일반/지정 폐기물 : 보관이 시작되는 날부터 90일/45일(폐알칼리 등)·60일(그 밖의 지정폐기물) 이내(폐기물관리법 시행규칙 제14조, [별표 5])
처리	• 위탁·수탁 기준 및 절차 준수(위탁처리시) • 폐기물의 처리 기준과 방법(법 제13조) 및 폐기물의 재활용 원칙 및 준수사항(법 제13조의2)에 적합하게 처리

③ 사업장폐기물 배출자 신고(법 제17조 제2항)/지정폐기물 처리계획 확인(제5항)

[표 4-6] 사업장폐기물 배출자 신고 / 지정폐기물 처리계획 확인

구분	대상	신고(확인) 내용	신고(확인) 시기
사업장 폐기물 배출자 신고 (법 제17조 제2항)	• 사업장 폐기물 배출 사업자 • 배출시설 설치·운영 사업장: 100kg/일평균 이상 • 300kg/일평균 이상 배출자 • 건설공사·작업 등: 5톤 이상 • 사업장폐기물 공동처리 운영기구의 대표자	1. 사업장폐기물배출자 신고 ※ 신고인 정보(상호 등), 사업장 현황(업종 등), 사업장폐기물의 배출 및 처리계획 2. 수탁처리능력 확인서(폐기물을 위탁하여 처리하는 경우) ※ 위탁자/수탁자 정보(상호 등), 수탁처리능력 확인(방치폐기물처리 이행보증 가입여부, 수탁자의 허가/신고사항, 수탁자의 처리능력/처분능력, 폐기물 처리방법 등)	사업 개시일 또는 폐기물 배출일 기준 (사업 개시일 또는 폐기물이 발생한 날부터 7일/1개월 이내) ※ 시장·군수·구청장 등에게 (변경)신고
지정 폐기물 처리 계획 확인 (제5항)	• 지정폐기물 배출사업자 • 오니: 500kg/월 이상 • 폐농약·광재 등: 각 50kg/월 또는 합계 130kg/월 이상 • 폐산·폐알칼리 등: 각 100kg/월 또는 합계 200kg/월 이상 • 폐석면: 20kg/월 이상 등 • 폴리클로리네이티드 비페닐 함유폐기물, 폐유독물질, 의료폐기물, 수은폐기물, 천연방사성제품폐기물 • 동법 시행령 [별표 1] 제12호 지정폐기물	1. 폐기물처리계획서 2. 폐기물분석결과서 3. 수탁확인서(지정폐기물의 처리를 위탁하는 경우)	폐기물 처리하기 전 ※ 사업 개시일 또는 폐기물이 발생한 날부터 1개월 이내에 폐기물의 발생지 시·도지사 또는 지방환경관서 장에게 제출, (변경)확인

④ 전자정보처리프로그램에 입력 – 올바로 시스템

- 폐기물의 인계·인수에 관한 사항 등 "폐기물처리현장정보" 입력하여야 함(제3항), 입력된 폐기물 인계·인수 내용을 확인·출력할 수 있도록 하여야 함(제4항).

- 대상 폐기물(시행규칙 제20조)

> 1. 사업장폐기물(생활폐기물로 만든 중간가공 폐기물 외의 중간가공 폐기물 포함)
> 2. 지정폐기물(생활폐기물로 만든 중간가공 폐기물 외의 중간가공 폐기물 포함)
>
> ※ 폐지, 고철, 왕겨, 쌀겨, 그 밖에 환경부장관이 정하여 고시하는 폐기물 제외

⑤ 유해성 정보자료의 작성·제공 의무(법 제18조의2)

- 대상 폐기물(시행규칙 제22조)

> 1. 지정폐기물(의료폐기물은 제외)
> 2. 환경부장관이 정하여 고시하는 폐기물
> 3. 인화성 물질(인화점이 1기압에서 섭씨 70도 미만인 물질) 함유 폐기물 (2025. 9. 18. 시행)

- 유해성 정보자료(법 제18조의2 제1항)

> 1. 사업장폐기물 종류
> 2. 물리·화학적 성질 및 취급 시 주의사항
> 3. 사업장폐기물로 인하여 화재 등의 사고 발생 시 방제 등 조치방법 등
> 4. 그 밖에 환경부령으로 정하는 사항
>
> ※ 수탁자에게 유해성 정보자료 제공, 배출자 및 수탁자는 보관장소 및 처리시설에 게시 또는 비치(동조 제4항)

(2) 규제 2: 폐기물처리업에 대한 관리

1) 폐기물처리업 허가

폐기물처리업을 영위하고자 하는 사업자의 경우 사업계획서를 제출하고, 적합통보를 받은 이후 허가를 취득하도록 규정하고 있음(산업단지 등은 예외). 이는 사업자의 허가 절차 진행에 따른 경제적 손실 등을 예방하기 위해 "예비허가 방식"을 도입한 것임. 폐기물처리업 허가의 구체적인 절차, 내용 등은 그림 4. 5.와 같음.

[그림 4. 5.] 폐기물처리업 허가의 절차

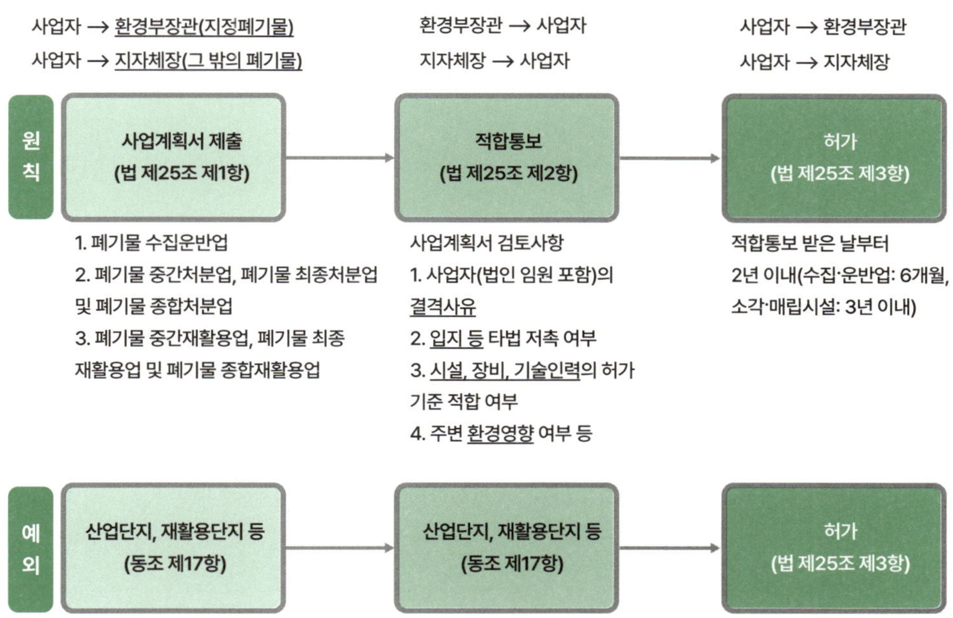

2) 적합통보(법 제25조 제2항)

- 환경부장관이나 시·도지사는 폐기물 처리사업계획서를 검토한 후 그 적합 여부를 폐기물처리사업계획서를 제출한 자에게 통보하여야 함.
- 사업계획서 검토 내용

> 1. 폐기물처리업 허가를 받으려는 자(법인의 경우에는 임원을 포함)가 제26조에 따른 결격사유에 해당하는지 여부
> 2. 폐기물처리시설의 입지 등이 다른 법률에 저촉되는지 여부
> 3. 폐기물처리사업계획서상의 시설·장비, 기술능력이 허가기준에 맞는지 여부
> 4. 폐기물처리시설의 설치·운영으로 「수도법」 제7조에 따른 상수원보호구역의 수질이 악화되거나 「환경정책기본법」 제12조에 따른 환경기준의 유지가 곤란하게 되는 등 사람의 건강이나 주변 환경에 영향을 미치는지 여부

▶ 사람의 건강이나 주변 환경에의 영향을 사유로 '부적합통보' 처분이 이루어짐(재량권)

3) 폐기물처리업 업종 구분/영업 내용(법 제25조 제5항)

폐기물관리법에 의하면 "처리"란 폐기물의 수집, 운반, 보관, 재활용, 처분을 말하는데(법 제2조 제5의3), 폐기물처리업의 업종 구분 및 영업 내용은 [표 4-7]와 같음.

[표 4-7] 폐기물처리업의 업종 구분 및 영업 내용

업종 구분	영업 내용
수집·운반업	폐기물을 수집하여 재활용 또는 처분 장소로 운반하거나 폐기물을 수출하기 위하여 수집·운반하는 영업

처분업	중간	폐기물 중간처분시설을 갖추고 폐기물을 소각 처분, 기계적 처분, 화학적 처분, 생물학적 처분, 그 밖에 환경부장관이 폐기물을 안전하게 중간처분할 수 있다고 인정하여 고시하는 방법으로 중간처분하는 영업
	최종	폐기물 최종처분시설을 갖추고 폐기물을 매립 등(해역 배출은 제외한다)의 방법으로 최종처분하는 영업
	종합	폐기물 중간처분시설 및 최종처분시설을 갖추고 폐기물의 중간처분과 최종처분을 함께 하는 영업
재활용업	중간	폐기물 재활용시설을 갖추고 중간가공 폐기물을 만드는 영업
	최종	폐기물 재활용시설을 갖추고 중간가공 폐기물을 제13조의2에 따른 폐기물의 재활용 원칙 및 준수사항에 따라 재활용하는 영업
	종합	폐기물 재활용시설을 갖추고 중간재활용업과 최종재활용업을 함께 하는 영업

4) 허가조건, 영업구역 제한(법 제25조 제7항)

- 폐기물처리업의 허가와 관련하여 허가조건을 붙이고 영업구역을 제한할 수 있음.
- 허가조건: 환경부장관 또는 시·도지사는 허가를 할 때에는 주민생활의 편익, 주변 환경보호 및 폐기물처리업의 효율적 관리 등을 위하여 필요한 조건을 붙일 수 있음.
- 영업구역 제한: 영업 구역을 제한하는 조건은 생활폐기물의 수집·운반업에 대하여 붙일 수 있으며, 이 경우 시·도지사는 시·군·구 단위 미만으로 제한하여서는 아니됨.

– 허가조건 관련 유의사항

> 1. 관계법령 제반규정 준수 및 1일 처리용량 등 기본적인 사항을 허가조건으로 함
> 2. M&A, 경매 등으로 양수/인수 시 권리·의무 승계(폐기물관리법 제33조)

허가조건을 위반하는 경우 폐기물관리법에 따라 행정처분(허가취소 또는 6개월 이내 전부/일부 영업정지) 및 벌칙(2년 이하 징역이나 2천만원 이하 벌금) 부과

5) 변경허가·신고(법 제25조 제11항)

폐기물처리업의 폐기물처리업의 변경허가·신고 내용은 아래와 같음[표 4-8].

[표 4-8] 폐기물처리업의 변경허가·신고

변경허가(동법 시행규칙 제29조 제1항)	변경신고(동법 시행규칙 제33조 제1항)
1. 폐기물 수집 · 운반업 가. 수집 · 운반대상 폐기물의 변경 나. 영업구역의 변경 다. 주차장 소재지의 변경(지정폐기물을 대상으로 하는 수집 · 운반업만) 라. 운반차량(임시차량은 제외)의 증차 **2. 폐기물 중간처분업, 폐기물 최종처분업 및 폐기물 종합처분업** 가. 처분대상 폐기물의 변경 나. 폐기물 처분시설 소재지의 변경 다. 운반차량(임시차량은 제외)의 증차 라. 폐기물 처분시설의 신설 마. 폐기물 처분시설의 증설, 개 · 보수 또는 그 밖의 방법으로 허가 또는 변경허가를 받은 처분용량의 100분의 30 이상의 변경 바. 주요 설비의 변경	1. 상호의 변경 2. 대표자의 변경(법 제33조에 따라 권리 · 의무를 승계하는 경우는 제외) 3. 연락장소나 사무실 소재지의 변경 4. 임시차량의 증차 또는 운반차량의 감차 5. 재활용 대상 부지의 변경(별표 4의2 제4호에 따른 재활용 유형으로 재활용하는 경우만 해당) 6. 재활용 대상 폐기물의 변경(별표 4의2에 따른 재활용의 세부 유형은 변경하지 않고 재활용하려는 폐기물을 추가하는 경우만 해당) 7. 폐기물 재활용 유형의 변경(재활용 시설 또는 장소가 변경되지 않는 경우만 해당) 8. 별표 7에 따른 기술능력의 변경

3. 폐기물 중간재활용업, 폐기물 최종재활용업 및 폐기물 종합재활용업 가. 재활용대상 폐기물의 변경(제33조 제1항 제6호 제외) 나. 폐기물 재활용 유형의 변경(제33조 제1항 제7호 제외) 다. 폐기물 재활용시설 소재지의 변경 라. 운반차량(임시차량은 제외)의 증차 마. 폐기물 재활용시설의 신설 바. 폐기물 재활용시설의 증설, 개 · 보수 또는 그 밖의 방법으로 허가 또는 변경허가를 받은 재활용 용량의 100분의 30 이상(금속을 회수하는 최종재활용업 또는 종합재활용업의 경우에는 100분의 50 이상)의 변경* * 허가 또는 변경허가를 받은 후 변경되는 누계 사. 주요설비의 변경 아. 허용보관량의 변경	

(3) 규제 3: 권리·의무의 승계

폐기물관리법에 의하면 사업장폐기물배출자, 폐기물처리업자, 폐기물처리업자 등의 방치폐기물 처리 등의 권리·의무는 승계될 수 있음. 이는 기업의 인수합병시 유의해야 하고, 환경실사 등을 통해 인허가, 행정처분 등 법 위반내역 등과 함께 확인할 필요가 있음.

1) 사업장폐기물배출자(법 제17조)

- 사업장폐기물배출자가 그 사업을 양도하거나 사망한 경우 또는 법인이 합병·분할한 경우에는 그 양수인·상속인 또는 합병·분할 후 존속하는 법인이나 합

병·분할에 의하여 설립되는 법인은 그 사업장폐기물과 관련한 권리와 의무를 승계함(제8항).

- 경매, 환가나 압류재산의 매각, 그 밖에 이에 준하는 절차에 따라 사업장폐기물배출자의 사업장 전부 또는 일부를 인수한 자는 그 사업장폐기물과 관련한 권리와 의무를 승계함(제9항).
- 종전 사업장폐기물배출자의 이 법에 따른 의무 위반으로 인한 법적 책임은 제8항 또는 제9항에 따른 권리·의무 승계에도 불구하고 소멸하지 아니함(제10항).

2) 폐기물처리업자(법 제33조)

- 폐기물처리업, 폐기물처리시설 등을 양수하거나 경매 등에 따라 인수하는 경우(제1항)
- 법인 인수·합병, 분할(신규법인 설립) 하는 경우(제2항)

※ 환경부장관 또는 시·도지사의 허가를 받은 경우 허가 등에 따른 권리·의무를 승계함

- 종전 폐기물처리업자등의 이 법에 따른 의무 위반으로 인한 법적 책임은 권리·의무 승계에도 불구하고 소멸하지 아니함(제8항).

3) 배출자에 대한 폐기물 처리명령(법 제39조의2)

- 사업장폐기물배출자에게 처리명령을 하였음에도 불구하고 처리되지 아니한 폐기물이 있으면 제17조제8항 또는 제9항에 따라 권리와 의무를 승계한 자에게 기간을 정하여 폐기물의 처리를 명할 수 있음(제2항).

4) 폐기물처리업자 등에 대한 폐기물 처리명령(법 제39조의3)

- 폐기물처리업자에 대하여 허가취소 또는 영업정지를 명하거나, 폐기물처리 신고자에 대하여 폐쇄명령 또는 처리금지명령을 하려는 경우에는 기간을 정하여 보관하는 폐기물의 처리를 명하여야 함.

5) 폐기물처리업자 등의 방치폐기물 처리(법 제40조)

- 법 제39조의3에 따라 폐기물처리업자나 폐기물처리 신고자에게 처리명령을 하였음에도 불구하고 처리되지 아니한 폐기물이 있으면 권리·의무를 승계한 자에게 기간을 정하여 폐기물의 처리를 명할 수 있음(제3항).

(4) 규제 4: 조치명령

- 폐기물의 방치 등 부적정처리폐기물이 발생하는 경우 폐기물의 배출자뿐만 아니라 배출, 수집·운반, 보관, 재활용 및 처분과정에 관여한 자 등에 대해 폐기물 처리에 대한 조치명령 등을 명할 수 있음.
- 폐기물 처리에 대한 조치명령 등(법 제48조 제1항): 환경부장관 등은 부적정처리폐기물(폐기물의 처리 기준과 방법 또는 폐기물의 재활용 원칙 및 준수사항 미준수)이 발생하면 "조치명령대상자"에게 기간을 정하여 폐기물의 처리방법 변경, 폐기물의 처리 또는 반입 정지 등 필요한 조치를 명할 수 있음.
- 조치명령대상자(제1항 각 호 일부 발췌)

> 1. 부적정처리폐기물을 발생시킨 자
>
> 4. 부적정처리폐기물의 발생부터 최종처분에 이르기까지 배출, 수집·운반, 보관, 재활용 및 처분과정에 관여한 자

9. 부적정처리폐기물을 직접 처리하거나 다른 사람에게 자기 소유의 토지 사용을 허용한 경우 부적정처리폐기물이 버려지거나 매립된 토지의 소유자

- 대상자 또는 명령의 범위 결정(제2항): 조치명령대상자 또는 조치명령의 범위를 결정하기 위하여 필요한 경우에는 폐기물처리자문위원회(제48조의3)에 자문할 수 있음

- 구상권(제3항): 조치명령을 받은 자가 자기의 비용으로 조치명령을 이행한 경우에는 동일한 사유로 조치명령을 받은 자의 부담부분에 관하여 구상권 행사

- 과징금(법 제48조의5)

▶ **대상:** 부적정처리폐기물을 발생시킨 자, 사업장폐기물배출자, 발생부터 최종처분에 관여한 자 등 제9호 제외 조치명령대상자 모두 해당(법 제48조 제1항)

▶ **금액:** 부적정처리이익(부적정 처리로 지출하지 아니하게 된 해당 폐기물의 적정 처리비용 상당액)의 3배 이하에 해당하는 금액과 폐기물의 제거 및 원상회복에 드는 비용

(5) 규제 5: 벌칙 및 과태료

- 폐기물 처리기준 등 주요 사항을 위반하는 경우 벌칙, 과태료 등을 부과

위반사항	근거법령	벌칙
(1) 제13조(폐기물의 처리기준 등)를 위반하여 폐기물을 매립한 자 ※ 징역형과 벌금형 병과 가능	법 제65조 제1호	3년 이하의 징역이나 3천만 원 이하의 벌금
(2) 제13조(폐기물의 처리기준 등) 또는 제13조의2(폐기물의 재활용 원칙 및 준수사항)을 위반하여 폐기물을 처리한 자	법 제66조 제1호	2년 이하의 징역이나 2천만 원 이하의 벌금
(3) 제18조 제3항(사업장폐기물의 처리)을 위반하여 폐기물의 인계 · 인수에 관한 사항과 폐기물처리 현장정보를 입력하지 아니하거나 거짓으로 입력한 자	법 제66조 제4호의4	2년 이하의 징역이나 2천만 원 이하의 벌금

(4) 제17조 제2항을 위반하여 신고를 하지 아니하거나 거짓으로 신고를 한 자	법 제68조 제1호의4	1천만 원 이하의 과태료
(5) 제18조의2 제1항(유해성 정보자료의 작성 · 제공 의무)을 위반하여 같은 조 제1항에 따라 작성한 유해성 정보자료를 수탁자에게 제공하지 아니한 자	법 제68조 제1항 제1호의7	1천만 원 이하의 과태료
(6) 제17조 제1항 제1호(지정폐기물 해당 여부)에 따른 확인을 하지 아니한 자	법 제68조 제2항 제1호	300만 원 이하의 과태료

NOTE

기업환경규제 대응을 위한

'한눈에 쏙' 환경법

V
토양오염 관리(토양환경보전법)

1 토양환경보전법의 체계 개관

(1) 조문 체계

- 토양환경보전법의 전체 조문 체계는 제1장 총칙(제1조~제10조의10)부터 제5장 벌칙(제28조~제32조)로 구성되는데(그림 5. 1.), 제2장 토양오염규제(제11조~제15조의8) 부분이 주로 기업의 규제와 관련된 사항이 규정되어 있음.

NOTE

[그림 5. 1.] 토양환경보전법의 조문 체계

제1장 총칙
(제1조~제10조의10)

- 목적
- 정의
- 기본계획수립
- 토양오염 우려기준
- 정보시스템 구축·운영
- 토양오염도 측정 등
- 측정망 운영
- 표토침식 조사
- 국유재산 정화
- 토양환경평가
- 토양오염 피해 무과실책임
- 오염토양 정화책임
- 토양정화 공제조합
- 토양정화자문위원회
- 토양환경센터 설치, 운영

제2장 토양오염규제
(제11조~제15조의8)

- 토양오염의 신고
- 특정토양오염 관리 대상시설의 신고
- 토양오염검사
- 토양오염방지조치 명령 등
- 오염토양의 정화
- 오염토양의 투기금지
- 위해성평가
- 토양정화의 검증
- 토양관리단지 지정 등
- 잔류성오염물질 등에 의한 토양 오염

제3장 대책지역지정관리
(제16조~제22조)

- 토양오염대책기준
- 토양보전대책지역의 지정
- 대책계획의 수립·시행
- 오염토양 개선사업
- 토지이용 등의 제한
- 행위제한
- 대책지역의 지정해제

NOTE

제3장의2
토양관련전문기관 및 토양정화업

- 종류 및 지정 등
- 결격사유
- 지정서 등 대여금지
- 겸업 금지
- 지정취소 등
- 토양정화업의 등록 등
- 등록의 결격사유
- 토양정화업자의 준수사항
- 등록취소 등
- 권리·의무의 승계
- 행정처분효과의 승계
- 기술인력 교육
- 과징금의 부과징수(2025. 9. 26. 시행)

제4장 보칙
(제24조~제27조)

- 대집행
- 관계 기관의 협조
- 국고보조 등
- 보고 및 검사 등
- 설치현황 등의 보고
- 행정처분의 기준(제26조의4)
- 청문
- 권한의 위임·위탁

제5장 벌칙
(제28조~제32조)

- 벌칙(제28~30조)
- 양벌규정(제31조)
- 과태료(제32조)

(2) 토양오염관리 체계

"토양오염"이란 사업활동이나 그 밖의 사람의 활동에 의하여 토양이 오염되는 것으로서 사람의 건강·재산이나 환경에 피해를 주는 상태를 말하는데(법 제2조 제1호), 동법에서는 토양오염 관리를 위해 토양오염 확인, 토양오염 정밀조사, 토양정화 등의 절차를 체계적으로 규정하고 있음(그림 5.2.).

[그림 5. 2.] 토양오염관리체계

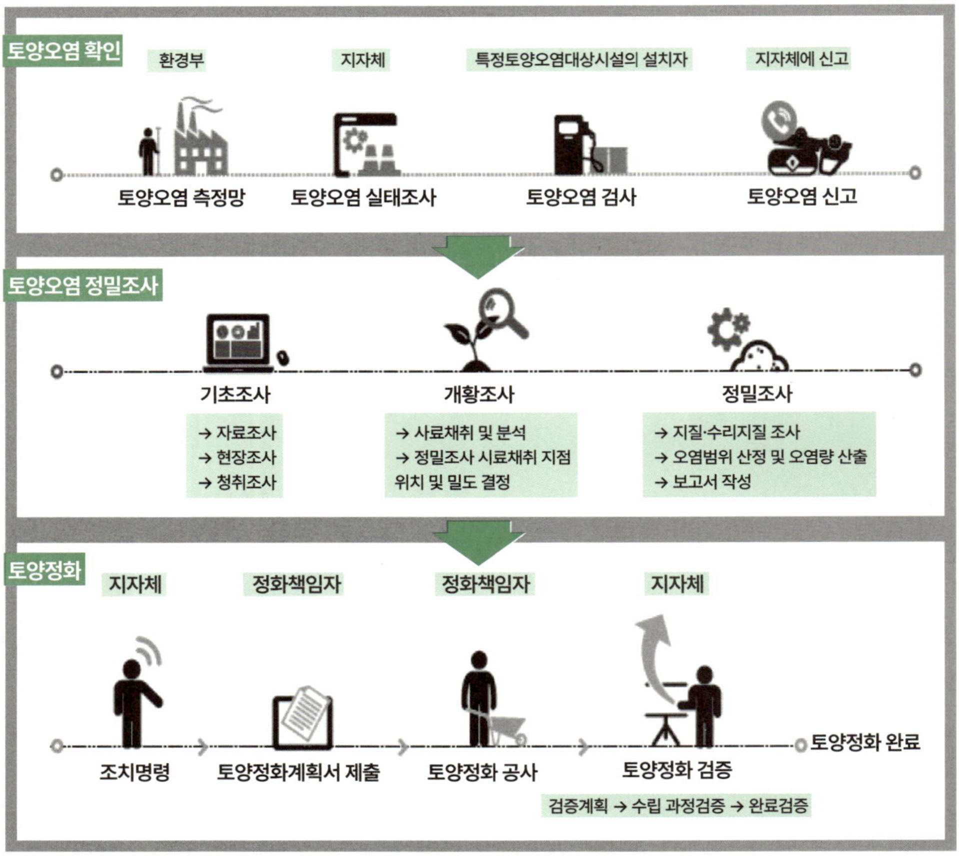

(출처: 환경부)

(3) 토양오염 조사·정화 절차

- 환경부의 측정망, 지자체의 실태조사, 토양오염 신고(지자체) 등을 통해 토양오염이 확인되는 경우 정화책임자에게는 토양오염 정밀조사 명령이 내려지고(법 제15조 제1항), 그에 따라 정화책임자는 정밀조사를 실시해야 함.

- "토양정밀조사"란 제4조의2에 따른 우려기준을 넘거나 넘을 가능성이 크다고 판단되는 지역에 대하여 오염물질의 종류, 오염의 정도 및 범위 등을 환경부령으로 정하는 바에 따라 조사하는 것임(법 제2조 제6호).

- 토양오염 정밀조사 결과 토양오염 우려기준을 초과하는 경우 정화책임자에게는 정화조치명령이 부과되고(법 제15조 제3항) 그에 따라 정화책임자는 토양정화를 실시해야 함. "토양정화"란 생물학적 또는 물리적·화학적 처리 등의 방법으로 토양 중의 오염물질을 감소·제거하거나 토양 중의 오염물질에 의한 위해를 완화하는 것임(법 제2조 제5호).

- 한편 정밀조사 결과 토양오염 대책기준을 초과하는 경우 토양보전 대책지역으로 지정 관리됨. 다만, 그간 실제로 토양보전 대책지역으로 지정된 사례는 없음.

- 토양환경보전법상 토양오염 조사·정화 절차는 그림 5.3.과 같음.

[그림 5. 3.] 토양오염 조사·정화 절차

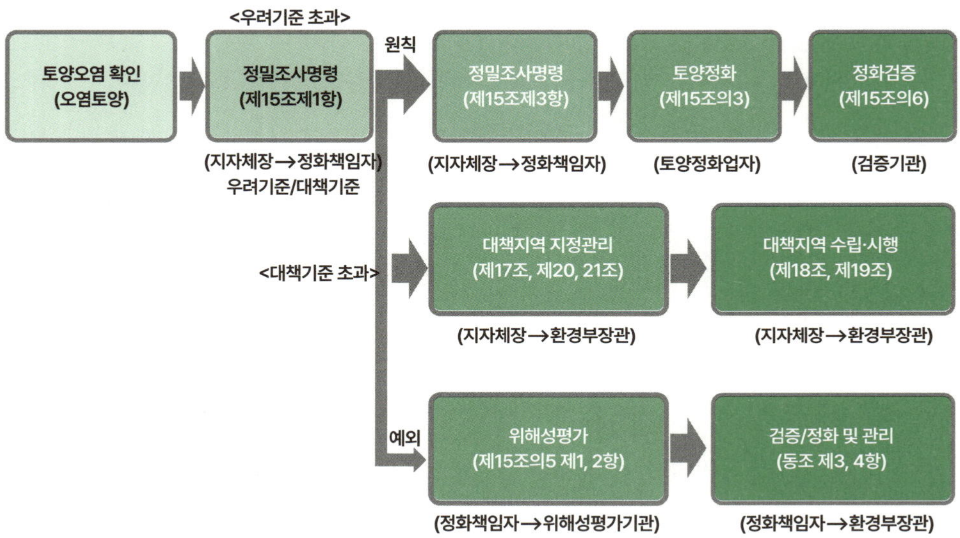

NOTE

2 주요 규제 내용

(1) 규율 대상: 토양오염

1) '토양오염'의 정의

(가) 법적 정의: 토양환경보전법상 '토양' 또는 '오염토양'에 대한 정의 규정이 없고 이를 설시한 판례도 없음. 다만 "토양오염"에 대한 정의가 있을 뿐임(제2조 제1호).

▶▶ 토양오염: 사업활동이나 그 밖의 사람의 활동(인위적 행위) + 사람의 건강·재산이나 환경에 피해

– 토양의 범위 설정에 있어서, 지하수법상 "지하수"의 정의(지하의 지층(地層)이나 암석 사이의 빈틈을 채우고 있거나 흐르는 물, 제2조 제1호)나 민법상 토지소유권의 범위(토지의 소유권은 정당한 이익있는 범위 내에서 토지의 상하에 미침, 제212조) 등을 고려해볼 수 있음.

(나) 토양의 공학적/기술적 정의

– (일반적 의미) 암석의 풍화물 등으로서 무기물+유기물+공기+물로 구성. 단, 학문 분야에 따라 달리 정의하고 있음.

– (농학) 식물의 뿌리가 뻗을 수 있는 부드러운 흙 부분

– (공학) 지표면으로부터 암반층 사이에 존재하는 물질

2) 적용 제외(제3조)

– 방사성물질에 의한 토양오염 및 그 방지 ···▸ 생활주변방사선 안전관리법(원자력안전위원회) 적용

– 오염된 농지를 「농지법」 제21조에 따른 토양의 개량사업으로 정화하는 경우
⋯→ 토양환경보전법의 정화 기준 및 방법, 정화검증 규정이 적용되지 않음.

※ 유의사항: 농지법의 경우 토양환경보전법 전체가 적용 제외되는 것이 아님(오염 조사, 기준 등은 적용)

(2) 규제 1: 토양오염에 대한 책임

1) 토양오염물질(제2조 제2호) 및 토양오염기준 (우려기준 제4조의2/대책기준 제16조)

(가) 용어의 정의

- **토양오염물질:** 토양오염의 원인이 되는 물질로서 환경부령으로 정하는 것
- **우려기준:** 사람의 건강·재산이나 동물·식물의 생육에 지장을 줄 우려가 있는 토양오염의 기준
- **대책기준:** 우려기준을 초과하여 사람의 건강 및 재산과 동물·식물의 생육에 지장을 주어서 토양오염에 대한 대책이 필요한 토양오염의 기준
- 토양오염기준 적용지역(시행규칙 [별표 3])

> **1지역:** 전·답·과수원·목장용지·광천지·대(주거용)·학교용지·공원·사적지·어린이 놀이시설 부지 등
>
> **2지역:** 임야·염전·대(주거용 외)·창고용지·하천·유지·수도용지·체육용지·유원지·종교용지 등
>
> **3지역:** 공장용지·주차장·주유소용지·도로·철도용지·국방·군사시설 부지 등
>
> * 지역은 「공간정보의 구축 및 관리 등에 관한 법률」에 따른 지목 기준

(나) 우려기준은 토양오염여부 판단기준이자 정화기준임[표 5-1]

[표 5-1] 토양오염물질 및 기준

토양오염물질	토양오염우려기준			토양오염대책기준		
	1지역	2지역	3지역	1지역	2지역	3지역
카드뮴	4	10	60	12	30	180
구리	150	500	2,000	450	1,500	6,000
비소	25	50	200	75	150	600
수은	4	10	20	12	30	60
납	200	400	700	600	1,200	2,100
6가크롬	5	15	40	15	45	120
아연	300	600	2,000	900	1,800	5,000
니켈	100	200	500	300	600	1,500
불소	800	1,300	2,000	2,400	3,900	6,000
유기인화합물	10	10	30	-	-	-
폴리클로리네이티드비페닐	1	4	12	3	12	36
시안	2	2	120	5	5	300
페놀	4	4	20	10	10	50
벤젠	1	1	3	3	3	9
톨루엔	20	20	60	60	60	180
에틸벤젠	50	50	340	150	150	1,020
크실렌	15	15	45	45	45	135
석유계총탄화수소(TPH)	500	800	2,000	2,000	2,400	6,000
트리클로로에틸렌(TCE)	8	8	40	24	24	120

테트라클로로에틸렌(PCE)	4	4	25	12	12	75
벤조(a)피렌	0.7	2	7	2	6	21
1,2-디클로로에탄	5	7	70	15	20	210
다이옥신(퓨란 포함)	160	340	1,000	500	1,000	3,000

(다) 토양오염우려기준의 적용(법 제4조의2, 시행규칙 제1조의5 [별표3])

– 토양정밀조사의 실시나 오염토양의 정화 등을 명하는 경우 토양오염우려기준은 조치명령 당시의 지목을 기준으로 함. 다만, 정밀조사 기간 또는 정화 기간이 완료되기 전에 지목이 변경된 경우에는 변경된 지목을, 다음 각 목의 어느 하나에 해당하여 지목변경이 예정된 경우에는 변경 예정 지목을 기준으로 함.

가. 「국토의 계획 및 이용에 관한 법률」 등 관계 법령에 따라 개발행위 허가 또는 실시계획 인가 등을 받고 토지의 형질변경 등의 공사가 착공된 경우

나. 건축물의 용도변경을 위하여 「건축법」에 따라 용도변경 허가를 받았거나 신고한 후 공사가 착공된 경우

다. 다른 법령에 따라 지목변경 사유에 해당하는 공사가 착공된 경우

* 지목이 등록되어 있지 않은 토지의 경우, i) 관계법령상 **토지의 용도에 부합하는 지목 기준**, ii) **용도를 확인할 수 없는 경우에는 1지역**에 해당하는 지목 기준을 적용

※유의사항: 조치명령 시 토양오염우려기준의 적용은 토지용도가 아닌 지목 기준임

2) 토양환경평가(법 제10조의2)

– **대상:** 토양오염관리대상시설, 공장, 국방·군사시설이 설치 혹은 설치되

었던 부지 또는 토양오염 우려 토지를 양도·양수 또는 임대·임차하는 경우

- 목적: 토양오염여부를 조사·확인하여 분쟁예방 및 토지 가치에 반영

- 효과

  건강·위해 예방, 법적리스크(정화책임) 관리, 재무리스크(정화비용) 관리

  토양환경평가결과(우려기준 이하인 경우) 해당 시설 또는 토지 양수 당시 토양오염 사실에 대해 **선의이며 과실이 없는 것으로 추정** (동조 제2항)

- 토양환경평가 결과, 토양오염우려기준 이하인 경우 선의이며 과실이 없는 것으로 추정(토양오염 관련 분쟁 등 발생 시 정화책임자 면책요건 해당)
- 환경부에 등록된 토양환경평가기관에서 실시(거래당사자간 임의 평가 X)

3) 무과실책임(법 제10조의3) – 사법상 책임

- 토양오염으로 인하여 피해가 발생한 경우 그 오염을 발생시킨 자는 그 피해를 배상하고 오염된 토양을 정화하는 등의 조치를 하여야 함(제1항).

  ※ 예외: 천재지변이나 전쟁, 그 밖의 불가항력으로 인하여 발생

- (연대책임) 토양오염을 발생시킨 자가 둘 이상인 경우에 어느 자에 의하여 제1항의 피해가 발생한 것인지를 알 수 없을 때에는 각자가 연대하여 배상하고 오염된 토양을 정화하는 등의 조치를 하여야 함(제2항).

- 환경정책기본법상 무과실책임(제44조)과 청구권 경합 관계

  ※ 민법 제750조에 대한 특별규정(대법원 2008. 9. 11. 선고 2006다 50338 판결 등)

4) 오염토양의 토양정화등 책임 – 공법상 책임

- 조사/정화 절차: 토양오염 확인(실태조사 등) → 정밀조사 명령(제15조 제1항) → 정화명령(제15조제3항) → 토양정화(제15조의3) → 토양정화 검증(제15조의6)
- 토양오염 조사, 정화 명령 등의 행정처분과 관련하여 환경법상 구제 수단인 행정소송(집행정지, 취소소송 등)을 제기할 수 있음.

(가) 정화책임자(제10조의4 제1항)

> **(제1호)** 토양오염 발생시킨 자(토양오염물질 누출·유출·투기·방치)
>
> **(제2호)** 토양오염관리대상시설 소유·점유·운영자(토양오염 발생 당시)
>
> **(제3호)** 합병, 상속으로 제1호 및 제2호의 권리·의무 포괄적 승계한 자
>
> **(제4호)** 토양오염이 발생한 토지의 과거소유자 또는 현재 소유·점유자
>
> ※ 다만, 제4호의 경우 i) 1996년 1월 5일 이전에 양도 또는 그 밖의 사유로 해당 토지를 소유하지 아니하게 된 경우, ii) 해당 토지를 1996년 1월 5일 이전에 양수한 경우, iii) 토양오염 발생에 선의이며 과실이 없는 경우 또는 iv) 소유 또는 점유 중 토양오염이 발생하였으나 귀책사유가 없는 경우는 정화책임자에서 제외(동조 제2항)

(나) 둘 이상의 정화책임자(법 제10조의4 제3항)

- (정화명령) 토양오염에 대한 각 정화책임자의 귀책정도, 신속하고 원활한 토양정화의 가능성 등을 고려하여 토양정화등을 명하여야 함.
- 정화명령 우선순위(시행령 제5조의3 제1항)

> **(제1호)** 토양오염 발생시킨 자와 권리·의무를 포괄적으로 승계한 자
>
> **(제2호)** 토양오염관리대상시설 점유·운영자와 점유자 또는 운영자의 권리·의무를 포괄적으로 승계한 자

(**제3호**) 토양오염관리대상시설의 소유자와 그 소유자의 권리·의무를 포괄적으로 승계한 자

(**제4호**) 토양오염이 발생한 토지를 현재 소유 또는 점유하고 있는 자

(**제5호**) 토양오염이 발생한 토지를 소유하였던 자

- 정화명령 관련 필요한 경우 토양정화자문위원회(제10조의9)의 자문 가능
- 다른 정화책임자의 부담부분에 관하여 구상권 행사 가능(동조 제4항)

– 후순위 정화책임자에게 정화명령 가능한 경우(시행령 제5조의3 제2항)

(**제1호**) 선순위의 정화책임자를 주소불명 등으로 확인할 수 없는 경우

(**제2호**) 선순위의 정화책임자가 후순위의 정화책임자에 비하여 해당 토양오염에 대한 귀책사유가 매우 적은 것으로 판단되는 경우

(**제3호**) 선순위의 정화책임자가 부담하여야 하는 정화비용이 본인 소유의 재산가액을 현저히 초과하여 토양정화등을 실시하는 것이 불가능하다고 판단되는 경우

(**제4호**) 선순위의 정화책임자가 토양정화등을 실시하는 것에 대하여 후순위의 정화책임자가 이의를 제기하거나 협조하지 아니하는 경우

(**제5호**) 선순위의 정화책임자를 확인하기 위하여 필요한 조사 또는 그 밖의 조치에 후순위의 정화책임자가 협조하지 아니하는 경우

※ 토양정화자문위원회에서 정화책임자의 우선순위 결정(보충책임)

(다) 토양오염의 신고(법 제11조)

– 다음 각 호의 어느 하나에 해당하는 경우에는 지체 없이 관할 특별자치시장·특별자치도지사·시장·군수·구청장에게 신고하여야 함(동조 제1항).

> **(제1호)** 토양오염물질을 생산·운반·저장·취급·가공 또는 처리하는 자가 그 과정에서 토양오염물질을 누출·유출한 경우
> **(제2호)** 토양오염관리대상시설을 소유·점유 또는 운영하는 자가 그 소유·점유 또는 운영 중인 토양오염관리대상시설이 설치되어 있는 부지 또는 그 주변지역의 토양이 오염된 사실을 발견한 경우
> **(제3호)** 토지의 소유자 또는 점유자가 그 소유 또는 점유 중인 토지가 오염된 사실을 발견한 경우
> ※ 신고 의무 위반시: 300만원 이하의 과태료(법 제32조 제1항 제1호)

– 절차: 신고(동조 제1항) → 관계 기관의 오염도 조사(제2항)→ 정화조치 명령(제3항)

(라) 토양오염방지 조치명령(법 제15조)

– (대상) 오염토양(우려기준 초과)
– (명령권자) 시·도지사 또는 시장·군수·구청장
– (명령대상) 정화책임자(제10조의4 제1항)
– (조치사항) 토양정밀조사(제1항), 토양오염관리대상시설의 개선 또는 이전, 토양오염물질의 사용제한 또는 사용중지, 오염토양의 정화 등 명령(제3항)

(마) 오염토양의 정화/투기금지 등(법 제15조의3/제15조의4)

– (정화기준) 토양오염우려기준(동법 시행령 제10조 제1항)

– (정화방법) 생물학적 처리, 물리·화학적 처리, 열적 처리(시행령 제10조 제2항)

※ 특정토양오염관리대상시설의 토양오염방지시설 및 오염토양의 정화방법 등에 관한 고시

– (위탁) 토양정화업자에게 위탁(예외적으로 정화책임자가 직접정화 가능)

– (정화장소) 오염이 발생한 해당 부지에서 정화(예외적으로 반출정화 가능)

– 금지행위

- 오염토양을 버리거나 매립하는 행위
- 보관, 운반 및 정화 등의 과정에서 오염토양을 누출 · 유출하는 행위
- 정화가 완료된 토양을 그 토양에 적용된 것보다 엄격한 우려기준이 적용되는 지역의 토양에 사용하는 행위

(바) 오염토양의 반출정화(법 제15조의3 제3항)

– 반출정화사유: 부지의 협소 등 불가피한 사유
(동법 시행규칙 제19조[2025. 10. 8. 시행])

- 오염이 발생한 해당 부지의 면적(여러 부지의 면적을 합산한 면적이 아닌 단일 부지의 면적)이 300제곱미터 미만으로 협소한 경우
- 토양오염물질의 종류, 오염토양의 정화방법, 부지의 경사도 등 오염토양의 정화 여건을 고려할 때 부지 면적이 협소하여 해당 부지에서 정화하는 것이 곤란하다고 관할 특별자치시장·특별자치도지사·시장·군수·구청장이 인정하는 경우
- 건설공사 착공 이후의 공사과정에서 오염토양이 발견된 경우로서 해당 건설공사 현장에서 오염토양을 정화하면 주변 환경에 미치는 영향이 크다고 관할 특별자치시장·특별자치도지사·시장·군수·구청장이 인정하는 경우
- 운송차량 전복 등 긴급한 사고로 인한 오염토양으로서 즉시 처리하여야 하는 경우
- 오염토양의 양이 5세제곱미터 미만으로서 현장에서 정화하는 때에는 정화효율이 현저하게 저하되는 경우

- 오염물질의 종류, 오염정도 및 기술적 한계 등으로 최초 조치명령기간내에 완료하지 못한 경우로서 정화과정 검증결과 반출하여 정화할 필요가 있다고 인정한 경우
- 토양오염이 발생한 부지가 같은 시·군」구 내에 흩어져 있는 경우로서 오염부지의 소유자 또는 정화책임자가 같고 각각의 오염부지에 토양정화시설을 모두 설치하기 곤란하여 토양정화업자가 오염부지 중 어느 한 곳에 설치한 시설을 이용하여 한꺼번에 정화하는 경우(정화 대상 오염토양 전부를 하나의 토양정화업자에게 위탁한 경우만 해당)
- 오염토양을 연구목적으로 이용하려는 경우
- 그 밖에 환경부장관이 인정하여 고시하는 경우

(사) 위해성평가(법 제15조의5)

– 위해성평가: 환경부장관, 시·도지사, 시장·군수·구청장 또는 정화책임자가 위해성평가기관으로 하여금 오염물질의 종류 및 오염도, 주변 환경, 장래의 토지이용계획과 그 밖에 필요한 사항을 고려하여 해당 부지의 토양오염물질이 인체와 환경에 미치는 위해의 정도를 평가하게 하는 제도(제1항).

– 위해성평가 실시가 가능한 경우(제2항)

> **(제1호)** 국유재산 등에 대한 토양정화(환경부장관)
> **(제2호)** 정화책임자를 알 수 없거나 정화책임자에 의한 토양정화가 곤란하다고 인정하는 경우(시·도지사 또는 시장·군수·구청장)
> **(제3호)** 오염토양 개선사업을 하려는 경우(시·도지사 또는 시장·군수·구청장)
> **(제4호)** 자연적인 원인(불소 등)으로 인한 토양오염으로 입증된 부지
> **(제5호)** 그 밖에 위해성평가를 할 필요가 있는 경우*(대통령령)
>
> * 도로, 철도, 건축물 등 시설물 아래의 오염토양(국가, 지방자치단체 또는 공공기관이 정화 책임자인 경우로 한정)을 정화하려는 경우
>
> ※ 유의사항: 정화책임자(민간)의 경우에는 제4호 및 제5호에 해당하는 경우에만 실시 가능

– 위해성평가결과는 토양정화의 범위, 시기 및 수준 등에 반영 가능(제1항). 단, 해당 결과를 반영하려는 경우에는 환경부장관에게 미리 검증받아야 함(제3항).

– 위해성평가기관: 검사시설, 장비 및 기술능력을 갖추어 환경부장관의 지정을 받은 기관(23조의2 제2항 제1호)

(마) 토양정화의 검증(법 제15조의6)

– (검증방법) 정화책임자는 토양오염조사기관으로 하여금 정화과정(과정검증) 및 정화완료에 대한 검증(완료검증)을 하게 하여야 함(제1항).

– (과정검증 예외) 오염토양의 양이 1,000세제곱미터 미만인 경우[토양오염대책기준을 초과하는 것으로서 500세제곱미터 이상인 것을 제외]

– (검증절차) 정화책임자는 오염토양정화계획을 작성하여 관할 특별자치시장 ·특별자치도지사·시장·군수·구청장에게 제출하여야 함(제2항).

▶ 정화공사 착공 7일 전까지 또는 정화계획 변경 사유가 발생한 날부터 7일 이내에 제출

※ 유의사항: 정화과정 및 정화완료에 대한 검증을 받는 경우 토양관련전문기관에 의한 검증이 완료되지 아니한 상태에서 오염토양 반출금지(제5항)

(바) 오염토양 정화 관련 주요 벌칙

[표 5-2] 토양환경보전법상 오염토양 정화 관련 주요 벌칙

위반사항	근거조항	벌칙 등
제15조제3항에 따른 명령을 이행하지 아니한 자	제29조 제3호	2년 이하의 징역 또는 2천만 원 이하의 벌금
제15조의3제2항을 위반하여 오염토양의 정화를 위탁한 자	제29조 제4호	2년 이하의 징역 또는 2천만 원 이하의 벌금
제11조 제1항을 위반하여 생산·운반·저장·취급·가공 또는 처리하는 과정에서 토양오염물질을 누출·유출한 사실을 신고하지 아니한 자	제30조 제1호의 2	1년 이하의 징역 또는 1천만 원 이하의 벌금

제15조의3 제3항을 위반하여 오염이 발생한 해당 부지가 아닌 곳이나 토양정화업자가 보유한 시설이 있는 장소가 아닌 장소로 오염토양을 반출하여 정화한 자	제30조 제6호	1년 이하의 징역 또는 1천만 원 이하의 벌금
제15조의3 제7항 제1호를 위반하여 오염토양에 다른 토양을 섞어서 오염농도를 낮춘 자	제30조 제7호	1년 이하의 징역 또는 1천만 원 이하의 벌금
제15조의6 제5항을 위반하여 토양관련전문기관에 의한 검증이 완료되지 아니한 상태에서 오염토양을 반출한 자	제30조 제11호	1년 이하의 징역 또는 1천만 원 이하의 벌금
양벌규정	제31조	법인의 대표자나 법인 또는 개인의 대리인, 사용인, 그 밖의 종업원에 대한 벌금형
제11조 제1항을 위반하여 토양이 오염된 사실을 발견하고도 그 사실을 신고하지 아니한 자	제32조 제1항 제1호	300만 원 이하의 과태료

(3) 규제 2: 특정토양오염관리대상시설의 관리

1) 용어의 정의

- 토양오염관리대상시설: 토양오염물질의 생산·운반·저장·취급·가공 또는 처리 등으로 토양을 오염시킬 우려가 있는 시설·장치·건물·구축물(構築物) 및 그 밖에 환경부령으로 정하는 것(법 제2조 제3호)
- 특정토양오염관리대상시설: 토양을 현저하게 오염시킬 우려가 있는 토양오염관리대상시설로서 환경부령으로 정하는 것(동조 제4호)

2) 특정토양오염관리대상시설의 관리 체계

– 특정토양오염관리대상시설의 경우 시설의 신고, 방지시설의 설치, 토양오염검사 등을 해야 하고, 검사 결과 우려기준 초과/오염물질 누출 등이 확인되는 경우 설치자에 대한 시정명령(제14조) 등이 부과될 수 있음(그림 5. 4.).

[그림 5. 4.] 특정토양오염관리대상시설의 관리 체계

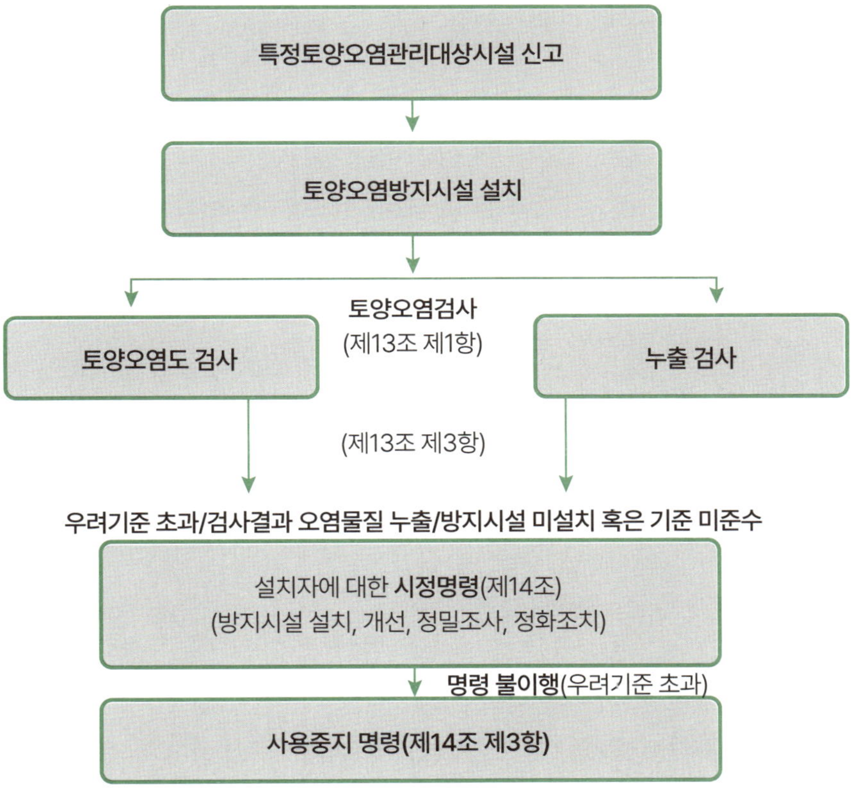

3) 특정토양오염관리대상시설의 신고 등(법 제12조)

(가) 특정토양오염관리대상시설 설치 신고(시행령 제6조) 및 유지·관리(제7조)

- 특정토양오염관리대상시설의 종류 및 범위는 [표 5-3]과 같음.
- 「위험물안전관리법」, 「화학물질관리법」 등에 따라 허가를 받거나 등록한 경우 신고한 것으로 간주(법 제12조 제4항)

[표 5-3] 특정토양오염관리대상시설의 종류 및 범위

종류	대상범위(동법 시행규칙 제1조의3 [별표 2])
1. 석유류의 제조 및 저장시설	「위험물안전관리법 시행령」 별표 1의 제4류 위험물중 제1 · 제2 · 제3 · 제4석유류에 해당하는 인화성액체의 제조 · 저장 및 취급을 목적으로 설치한 저장시설로서 총 용량이 2만리터 이상인 시설(이동탱크저장시설을 제외한다)
2. 유해화학물질의 제조 및 저장시설	「화학물질관리법」 제28조에 따른 유해화학물질 영업의 허가를 받은 자가 설치한 저장시설 중 별표 1에 따른 토양오염물질을 저장하는 시설[유기용제류의 경우는 트리클로로에틸렌(TCE), 테트라클로로에틸렌(PCE), 1,2-디클로로에탄 저장시설에 한정한다]
3. 송유관시설	「송유관 안전관리법」 제2조제2호의 규정에 의한 송유관시설 중 송유용 배관 및 탱크
4. 기타 위 관리대상시설과 유사한 시설로서 특별히 관리할 필요가 있다고 인정되어 환경부장관이 관계중앙행정기관의 장과 협의하여 고시하는 시설	

(나) 토양오염검사(법 제13조)

- (대상) 특정토양오염관리대상시설의 설치자
- (내용) 토양전문기관으로부터 토양오염검사를 받아야 함(정기 또는 수시).
  ※ 위반시(우려기준 초과/검사 부적합) 설치자에 대한 시정명령/사용중지 명령(제14조)
- (구분) 사전예방 및 사후관리를 위한 토양오염도검사 및 누출검사가 있음[표 5-4].

[표 5-4] 토양오염도검사 및 누출검사

구분	토양오염도 검사	누출검사
목적	시설로 인한 토양오염 확인(사후관리)	시설의 누출여부 확인(사전예방)
대상	시설 설치 부지 및 그 주변지역	저장시설 또는 배관이 땅속에 묻혀 있거나 땅에 붙어 있어 누출 여부를 눈으로 확인할 수 없는 시설
정기검사	최초: 시설설치 완공검사일 또는 유해화학물질 영업허가받은 날로부터 6 개월 이내 이후: 매년 실시. 단, 토양오염방지시설 설치 및 적정 유지관리 시 5 년 범위에서 조정 가능 ※ 최초검사 이후 5 년, 10 년, 15 년에 1회 검사, 15 년 이후에는 2 년마다 1 회 검사	최초: 저장시설 및 배관 설치한 후 10 년 경과한 시점부터 6 개월 이내 이후: 10 년이 지난 날부터 8 년마다 1 회
수시검사	① 시설의 사용종료 또는 폐쇄 ② 운영자 변경 ③ 시설 교체 또는 저장 토양오염물질 종류변경 ④ 토양오염물질이 누출된 사실 알게 된 때	① 토양오염도검사 결과 토양오염이 확인된 때 ② 토양오염물질이 누출된 사실 알게 된 때

(4) 규제 3: 토양정화업자 준수사항(법 제23조의9)

- (명의대여) 다른 자에게 자기의 성명 또는 상호를 사용하여 토양정화업을 하게 하거나 등록증을 다른 자에게 빌려주어서는 아니됨(제1항).
- (하도급 금지) 토양정화를 위하여 도급받은 공사("토양정화공사")를 일괄하여 하도급하거나 토양정화공사 중 토양정화와 직접 관련되는 공사로서 대통령령으로 정하는 공사(토양정화시설의 운영 공종)를 하도급하여서는 아니됨(제2항).
- 그 외 정화업자의 준수사항(제3항, 시행규칙 제31조의4 [별표11의2])

- 유의사항

> - 위반 시 형사처벌(1년 이하 징역 또는 1천만 원 이하 벌금) (법 제23조의10 제2항 제8호, 제9호)
> - 행정처분(등록 취소 또는 6개월 이하 영업정지) (법 제30조 제15호, 제16호)
> - 토양정화업자에게 제23조의10 제2항 또는 제3항에 따라 영업정지 처분을 할 경우 공익 등 고려하여 영업정지 처분 대신 매출액의 100분의 5 이하로 **과징금** 부과 가능 (법 제23조의 15 제1항 신설, 2025. 9. 26. 시행)

기업환경규제 대응을 위한

'한눈에 쏙' 환경법

VI
화학물질 관리(화학물질관리법)

1 환경보건 분야 법 체계

환경보건 분야의 주요 법률은 약 10여개의 법률이 있는데(그림 6. 1.), 그중 화학물질(특히 유해화학물질)의 관리를 위한 화학물질의 등록 및 평가 등에 관한 법률(약칭: 화학물질등록평가법, 이하 "화평법"), 화학물질관리법(이하 "화관법"), 생활화학제품 및 살생물제의 안전관리에 관한 법률(약칭: 화학제품안전법)을 실무적으로 화학 3법이라고 칭함.

[그림 6. 1.] 환경보건 분야 법 체계

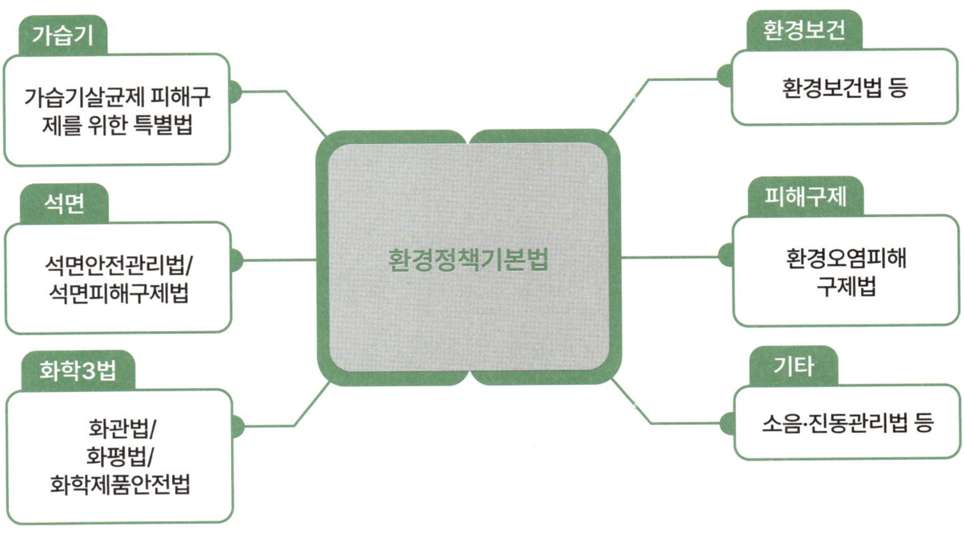

2 화학물질 관리 체계(화학 3법)

① 화평법에서는 화학물질의 등록·신고 및 유해성(有害性)·위해성(危害性)에 관한 심사·평가, 인체등유해성물질 지정에 관한 사항을 규정하고 있음.

② 화관법은 화학물질의 적절한 관리 및 화학물질로 인하여 발생하는 사고의 신속한 대응에 관한 사항을 규정하고 있음(그림 6. 2.).

③ 화학제품안전법에서는 가정, 사무실, 다중이용시설 등 일상적인 생활공간에서 사용되는 화학제품으로서 사람이나 환경에 화학물질의 노출을 유발할 가능성이 있는 생활화학제품의 위해성(危害性) 평가, 살생물물질(殺生物物質) 및 살생물제품의 승인, 살생물처리제품의 기준, 살생물제품에 의한 피해의 구제 등에 관한 사항을 규정하고 있음.

본 장에서는 화평법, 화관법을 개략 살펴보고 화관법의 주요한 내용을 다루고자 함.

NOTE

[그림 6. 2.] 유해화학물질 안전관리 체계(화학 3법)

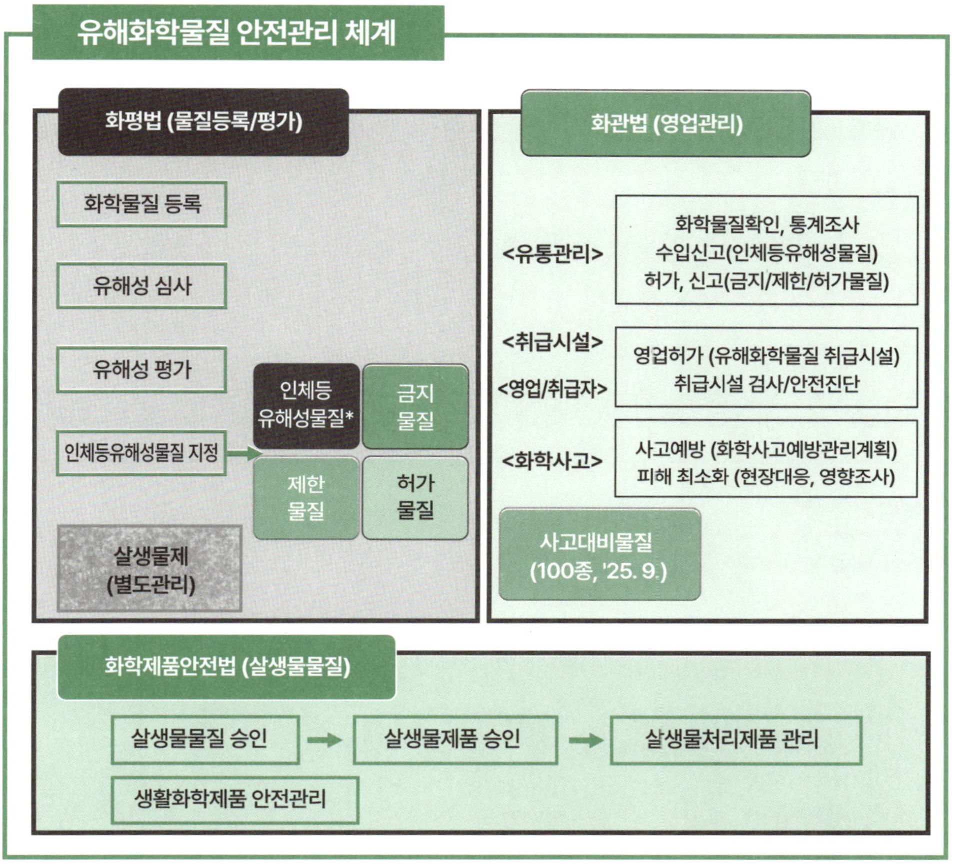

Source : 환경부, '화학안전관리 정책방향 발표자료 내용 참조

* 종전의 "유독물질"이 2025. 8. 7.부터 인체급성유해성물질, 인체만성유해성물질, 생태유해성물질로 구분되고, 통칭하여 "인체등유해성물질"로 정의됨.

3 화평법 및 화관법 개관

(1) 화평법

1) 개요

화평법에서는 기존 및 신규 화학물질을 제조수입 하는 경우 등록신고 등의 의무사항을 준수해야 하고, 관련 절차, 내용 등을 규정하고 있음(그림 6. 3.).

[그림 6. 3.] 화학물질등록평가법 개요

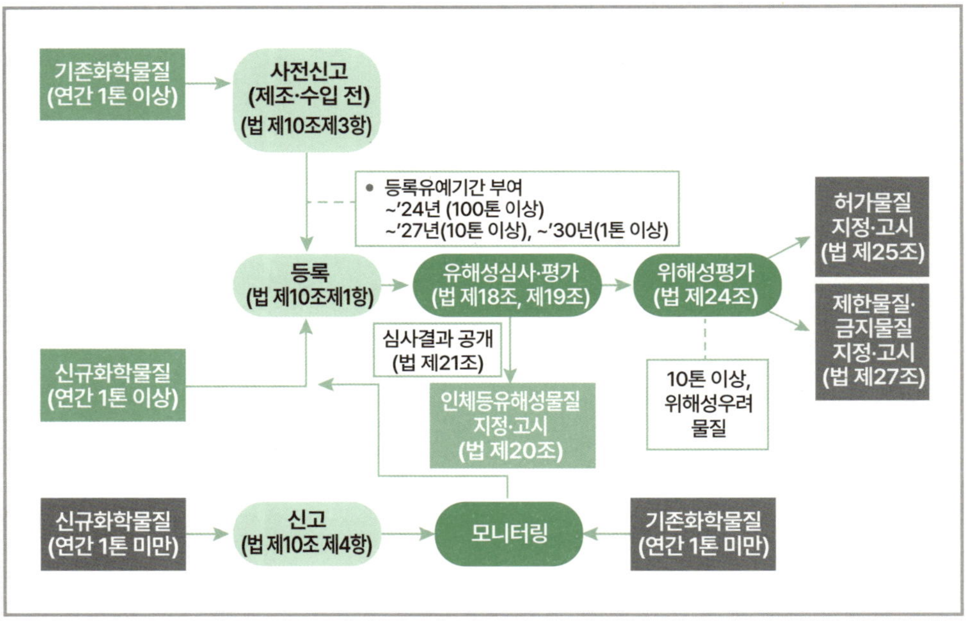

2) 화학물질의 등록 등(법 제10조)

– 연간 1톤* 이상 신규화학물질 또는 연간 1톤 이상 기존화학물질을 제조·수입하려는 자(제4항 제2호에 해당하는 자는 제외)는 제조 또는 수입 전에 환경부장관에게 등록하여야 함(제1항).

* 신규화학물질의 경우 2025. 1. 1.부터 기존의 0.1톤 에서 1톤으로 개정됨. 단 연간 1톤 미만의 신규화학물질을 제조·수입하려는 자 등은 제조 또는 수입하기 전에 환경부장관에게 신고하여야 함(제4항).

※ 그 외 화학물질의 등록 및 신고에 필요한 사항은 환경부령 참고(제8항, 시행규칙 제5조)

– 일부 등록 또는 신고 면제 대상 있음(법 제11조 제1항).

(가) 아래 화학물질을 제조 · 수입하려는 자(제1호)

> 가. 기계에 내장(內藏)되어 수입되는 화학물질
>
> 나. 시험운전용으로 사용되는 기계 또는 장치류와 함께 수입되는 화학물질
>
> 다. 특정한 고체 형태로 일정한 기능을 발휘하는 제품에 들어있어 그 사용 과정에서 유출되지 아니하는 화학물질

(나) 위해성이 매우 낮은 화학물질로서 환경부장관이 지정·고시하는 화학물질(제2호)

(다) 국외로 전량 수출하기 위하여 환경부장관으로부터 "등록등면제확인"을 받은 화학물질(제3호)

3) 유해성 심사/인체등유해성물질의 지정

– 유해성 심사(법 제18조) → 결과의 공개(법 제21조) → 인체등유해성물질(인체급성유해성물질/인체만성유해성물질/생태유해성물질)의 지정(법 제20조)

(가) 유해성 심사(법 제18조)

- 환경부장관은 등록한 화학물질(변경등록한 화학물질을 포함)에 대하여 환경부령으로 정하는 바에 따라 유해성심사를 하고 그 결과를 등록한 자에게 통지하여야 함(제1항, 시행규칙 제23조).

- 유해성 평가(법 제19조): (유해성심사를 하지 않는 화학물질이라도) 국제기구에서 유해성을 평가하는 화학물질 중 대통령령으로 정하는 화학물질에 대하여는 유해성평가를 하여야 함.

(나) 인체등유해성물질의 지정(법 제20조)

- 환경부장관은 유해성심사(제19조에 따른 유해성평가 포함) 결과 유해성이 있는 화학물질에 대하여는 대통령령*으로 정하는 기준에 따라 인체급성유해성물질, 인체만성유해성물질, 생태유해성물질(이하 "인체등유해성물질")로 지정하여 고시하여야 함.

  * 인체등유해성물질 지정기준(시행령 제3조, [별표 1])

- 종전에 법 제20조는 "유독물질의 지정"에 관하여 규정하고 있었으나, 2025. 8. 7.부터 시행되는 개정 법률에 따라 인체급성유해성물질/인체만성유해성물질/생태유해성물질로 차등됨.

(2) 화관법

1) 조문 체계

- 화학물질관리법의 전체 체계는 제1장 총칙(제1조~제8조)부터 제7장 벌칙(제57조~제64조)로 구성되는데(그림 6. 4.), 제3장 유해화학물질 안전관리의 제1절 취급기준 등(제13조~제22조), 제2절 취급시설의 설치 · 운영(제23조~제26조)과 제5장 화학사고의 대비 및 대응 관련 제2절 화학사고 대응 등(제43조~제47조) 에서 주로 기업의 규제와 관련된 사항이 규정되어 있음.

- 다만 기업이 유해화학물질영업자에 해당하는 경우 제4장 유해화학물질 영업자 제1절 영업 구분 및 허가(제27조~제30조), 제2절 영업자에 대한 관리(제31조~제38조) 등의 규제도 해당될 수 있음.

NOTE

[그림 6. 4.] 화학물질관리법 조문 체계

제1장 총칙
(제1조~제8조)

- 목적/정의/적용범위
- 국가 및 지방자치 단체의 책무
- 화학물질 취급자의 책무
- 화학물질의 관리에 관한 기본계획
- 화학물질관리위원회
- 화학물질의 관리에 대한 조례의 제정
- 주요 시책 등의 협의

제2장 화학물질의 통계조사 및 정보공개 등
(제9조~제12조)

- 화학물질 확인
- 화학물질 통계조사 및 정보체계 구축·운영
- 화학물질 배출량조사

- 화학물질 배출저감 계획서의 작성·제출 등
- 화학물질 조사결과 및 정보의 공개

- 제한물질 또는 금지 물질의 수출승인 등
- 환각물질의 흡입 등의 금지

제3장 유해화학물질의 안전관리
제1절 유해화학물질 취급기준 등
(제13조~제22조)

- 유해화학물질 취급기준
- 취급자의 개인보호장구 착용
- 유해화학물질의 진열량· 보관량 제한 등
- 유해화학물질의 표시 등
- 유해화학물질의 제조· 수입 등의 중지 등
- 금지물질의 취급금지 및 제한물질의 취급제한
- 허가물질의 제조·수입· 사용 허가 등
- 제한물질 수입허가 및 유독물질 수입신고 등

제2절 취급시설의 설치 · 운영 등
(제23조~제26조)

- 유해화학물질 취급기준
- 취급자의 개인보호장구 착용
- 유해화학물질의 진열량· 보관량 제한 등
- 유해화학물질의 표시 등
- 유해화학물질의 제조· 수입 등의 중지 등
- 금지물질의 취급금지 및 제한물질의 취급제한
- 허가물질의 제조·수입· 사용 허가 등
- 제한물질 수입허가 및 유독물질 수입신고 등

NOTE

제4장 유해화학물질영업자
제1절 영업 구분 및 허가
(제27조~제30조)

- 유해화학물질 영업 구분
- 영업허가
- 통신판매
- 영업허가의 면제
- 판매자의 고지의무
- 판매업 신고
- 영업자의 결격사유

제2절 영업자에 대한 관리
(제31조~제38조)

- 유해화학물질 취급의 도급신고 등
- 유해화학물질관리자
- 안전교육
- 취급중단 및 휴업·폐업 등
- 영업자에 대한 개선명령
- 영업허가의 취소 등
- 과징금 처분
- 권리·의무의 승계
- 유해화학물질관리자 및 취급시설의 공동 활용 승인 등

제5장 화학사고의 대비 및 대응 등
제1절 사고대비물질
(제39조~제42조)

제2절 화학사고 대응 등
(제43조~제47조)

제6장 보칙
(제48조~제56조)

제7장 벌칙
(제57조~제64조)

- 벌칙(제57~62조)
- 양벌규정(제63조)
- 과태료(제64조)

2) 규율 대상: 화학물질 및 취급시설

(가) 화학물질

- "화학물질"이란 원소·화합물 및 그에 인위적인 반응을 일으켜 얻어진 물질과 자연 상태에서 존재하는 물질을 화학적으로 변형시키거나 추출 또는 정제한 것을 말하는데(법 제2조 제1호, 화평법 제2조 제1호), 그 중에서도 유해화학물질을 중심으로 규율하고 있어서, 유해화학물질 해당 여부가 중요함.

- **유해화학물질(법 제2조 제7호):** 인체급성유해성물질, 인체만성유해성물질, 생태유해성물질 및 사고대비물질

용어 정의

- **유독물질:** 유해성(有害性)이 있는 화학물질로서 대통령령으로 정하는 기준에 따라 환경부장관이 정하여 고시[화학물질안전원 고시]
- **허가물질:** 환경부장관의 허가를 받아 제조, 수입, 사용(법 제2조 제3호, 화평법 제2조 제7호)
- **제한·금지물질:** 제한물질(법 제2조 제4호, 화평법 제2조 제8호)·금지물질(법 제2조 제5호, 화평법 제2조 제9호)의 지정[환경부 고시]
- **사고대비물질:** 화학물질 중에서 급성독성(急性毒性)·폭발성 등이 강하여 화학사고의 발생 가능성이 높거나 화학사고가 발생한 경우에 그 피해 규모가 클 것으로 우려되는 화학물질로서 화학사고 대비가 필요하다고 인정하여 제39조에 따라 환경부장관이 지정·고시한 화학물질(법 제2조 제6호)

  ※ 사고대비물질의 지정[화학물질안전원 고시]

- 기존에는 유독물질, 허가물질, 제한물질 또는 금지물질, 사고대비물질 등이 유해화학물질이었으나 2025. 8. 7. 개정으로 "유독물질"이 "인체급성

유해성물질, 인체만성유해성물질, 생태유해성물질"로 대체되고, 유해화학물질은 "인체급성유해성물질, 인체만성유해성물질, 생태유해성물질 및 사고대비물질"을 의미하게 됨.

용어 정의

- **인체급성유해성물질:** 단회 또는 단시간 노출로 단기간 내에 사람의 건강에 좋지 아니한 영향을 미칠 수 있는 화학물질로서 대통령령으로 정하는 기준에 따라 환경부장관이 지정하여 고시한 것(법 제2조 제2호, 화평법 제2조 제6호)
- **인체만성유해성물질:** 반복적으로 노출되거나 느출 이후 잠복기를 거쳐 사람의 건강에 좋지 아니한 영향을 미칠 수 있는 화학물질로서 대통령령으로 정하는 기준에 따라 환경부장관이 지정하여 고시한 것(법 제2조 제2호의2, 화평법 제2조 제6호의2)
- **생태유해성물질:** 단기간 또는 장기간 노출로 인하여 수생생물 등 환경에 좋지 아니한 영향을 미칠 수 있는 화학물질로서 대통령령으로 정하는 기준에 따라 환경부장관이 지정하여 고시한 것(법 제2조 제2호의3, 화평법 제2조 제6호의3)

(나) 취급시설(법 제2조 제11호)

– 화관법은 취급시설에 대한 안전관리 중심의 규제로, 취급시설 해당 여부가 중요

– 취급시설: 화학물질을 제조, 보관·저장, 운반(항공기·선박·철도를 이용한 운반은 제외) 또는 사용하는 시설이나 설비('유해화학물질 제조·사용시설 설치 및 관리에 관한 고시' 등 8개 고시)를 말함(법 제2조 제11호).

– "제조·사용시설"이란 판매할 목적으로 유해화학물질을 제조하는 시설과 제품의 제조, 제품의 세척(洗滌)·도장(塗裝) 등을 목적으로 유해화학물질을 사용하는 시설

- “저장설비”란 유해화학물질을 충전·저장하기 위한 설비로서 저장탱크 및 그 부속설비
- “차량운반시설”이란 유해화학물질 또는 유해화학물질을 충전한 용기를 적재하여 운반할 수 있는 운반차량에 의하여 유해화학물질을 운반하는 시설과 그 부대시설
- “차량 운송시설”이란 유해화학물질을 충전·운반할 수 있는 탱크 및 그 부속설비로 구성된 운송차량에 의하여 유해화학물질을 운반하는 시설과 그 부대시설

3) 화학물질 관리 체계

화학물질관리법은 기본적으로 화학물질 확인부터 유해화학물질의 유통관리, 안전관리 및 영업자/취급자 준수사항, 화학사고 대응 등 시설과 행위 관련 전 주기/과정을 관리하는 체계임(그림 6. 5.). 이를 위반하는 경우 행정처분, 벌칙 등이 부과될 수 있음[표 6-1].

NOTE

[그림 6. 5.] 국내 화학물질 관리 체계(화관법)

화학물질 확인(법 제9조)

구분	인체등유해성물질* (유해화학물질)	사고대비물질 (유해화학물질)	허가물질	제한물질	금지물질
유동 관리	수입신고(제20조)	지정(제39조)	제조/수입/사용 등 허가/신고, 승인 등 (제18조, 제19조, 제21조)		
	통계조사[취급현황, 취급시설 등](제10조)/배출량조사(제11조), 제조·수입 등의 중지(제17조)				
안전관리 (취급기준/ 취급시설)	취급기준, 취급자의 개인보호장구 착용 (제13조~제14조)				
	[설치이전] 화학사고예방관리계획서 작성·이행 등(제23조~ 제23조의2) [설치이후] 취급시설의 배치·설치 및 관리기준[설치/정기 검사 등](제24조)				
영업자 취급자	영업허가 또는 영업신고(제28조), 통신판매시 본인 확인(제28조의2), 도급신고(제31조)				
	진열량·보관량 제한(제15조), 표시(제16조), 관리자 선임/안전교육 (제32조~제33조) 등				
		관리기준(제40조)			
화학사고	화학사고 발생시 즉시 신고(제43조)				

* 2025. 8. 7.부터 기존 "유독물질"이 인체등유해성물질로 개정되고, 인체 급성유해성물질, 인체만성유해성물질, 생태유해성물질로 차등

4) 화관법상 행정제재 및 행정벌

[표 6-1] 화관법상 행정제재 및 행정벌

구분	내용	근거
벌칙	금고/징역 또는 벌금	제57조(10년 이하 금고, 2억 원)/ 제58조(5년 이하 징역, 1억 원)~ 제62조(6개월 이하 징역, 500만 원)
행정처분	개선명령(취급시설) 가동정지명령 개선명령(영업자) 허가취소(영업자) 조치명령 등(화학사고)	제25조 제1항 제25조 제2항 제34조의2 제35조 제46조
과징금	매출액 100분의 5이하	제36조
과태료	경미한 위반	제64조(1,000~300만 원)
양벌규정	업무 관련 위반행위자 외 법인 또는 개인 (대표 등) 벌금형	제63조 (제57조~제62조 위반시)

NOTE

4 주요 규제 내용

(1) 규제 1: 유해화학물질 관리

1) 화학물질 확인(법 제9조)

- 화학물질을 제조·수입하려는 자(수입을 수입 대행자에게 위탁한 경우에는 그 위탁한 자)는 해당 화학물질이나 그 성분이 유해화학물질 등에 해당하는지를 확인하여 신고

※ 확인명세서(별지 제1호 서식) 등을 환경공단에 제출(동법 시행규칙 제2조)

2) 허가/신고

- 허가물질: 제조·수입·사용 허가(제19조), 인체등유해성물질: 수입신고(제20조), 제한·금지물질: 수출 승인(제21조)

3) 화학물질 배출량 조사 및 배출저감계획서 작성·제출

- **(조사)** 화학물질을 취급하는 사업장(동법 시행령 제6조)에 대하여 해당 화학물질을 취급하는 과정에서 배출되는(물·대기·토양 등) 화학물질 현황 등 매년 조사(제11조)
- **(계획서)** 화학물질 배출량조사 대상 사업장 중 유해성이 높은 화학물질을 연간 일정량 이상 배출하는 사업장은 5년 주기로 배출저감계획서 작성·제출(제11조의2)

4) 유해화학물질의 취급기준(법 제13조)

누구든지 유해화학물질을 취급하는 경우에는 유해화학물질 취급기준을 지켜야 함.

1. 유해화학물질 취급시설이 본래의 성능을 발휘할 수 있도록 적절하게 유지·관리할 것
2. 유해화학물질의 취급과정에서 안전사고가 발생하지 아니하도록 예방대책을 강구하고, 화학사고가 발생하면 응급조치를 할 수 있는 방재장비(방재장비)와 약품을 갖추어 둘 것
3. 유해화학물질을 보관·저장하는 경우 종류가 다른 유해화학물질을 혼합하여 보관·저장하지 말 것

3의 2. 유해화학물질을 담는 용기(용기) 본래의 성능이 유지될 수 있도록 관리할 것

4. 유해화학물질을 차에 싣거나 내릴 때나 다른 유해화학물질 취급시설로 옮길 때에는 해당 유해화학물질 운반자·작업자 외에 제32조에 따른 유해화학물질관리자 또는 유해화학물질 취급시설을 설치·운영하는 사업장의 대표자가 지정하는 제33조제1항에 따른 유해화학물질 안전교육을 받은 자가 참여하도록 할 것
5. 유해화학물질을 운반하는 사람은 제32조에 따른 유해화학물질관리자 또는 제33조제1항에 따른 유해화학물질 안전교육을 받은 사람일 것
6. 그 밖에 제1호부터 제5호까지의 규정에 준하는 사항으로서 유해화학물질의 안전관리를 위하여 필요하다고 인정하여 환경부령*으로 정하는 사항

* 유해화학물질의 취급기준(동법 시행규칙 제8조 [별표 1])

※ 개별기준은 '유해화학물질별 구체적인 취급기준에 관한 규정' 참조

(2) 규제 2: 취급시설 관리

1) 취급시설 안전관리(검사 및 진단) 체계

– 유해화학물질의 취급시설과 관련하여 설치 이전에 화학사고예방관리계획서 작성 등을, 설치 이후에는 설치검사/자체점검/정기, 수시검사/안전진단 등을 규정하고 있음(그림 6. 6.).

[그림 6. 6.] 취급시설 안전관리(검사 및 진단) 체계

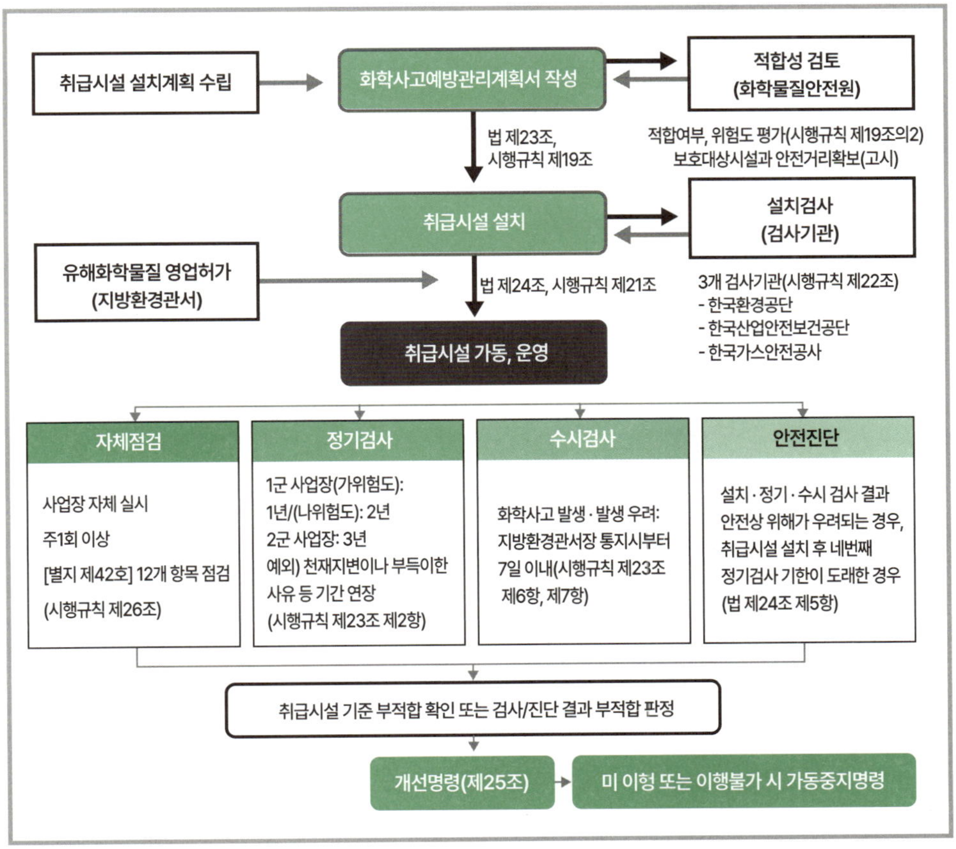

Source : 환경부, '쉽게 이해하는 화학물질관리법 발표자료 내용 참조

2) 취급시설의 설치·운영 등

- 화학사고예방관리계획서: 유해화학물질 취급시설을 설치·운영하려는 자는 화학사고 발생으로 사업장 주변 지역의 사람이나 환경 등에 미치는 영향을 평가하고 피해를 최소화하기 위한 계획서 작성·제출(법 제23조, 시행규칙 제19조) 및 이행(법 제23조의2, 시행규칙 제19조의3)
- 계획서의 작성·제출 대상 및 시기는 [표 6-2], 작성내용은 [표 6-3]과 같음.

[표 6-2] 화학사고예방관리계획서 작성 · 제출 대상 및 시기
(시행규칙 제19조 제3항, 제4항)

구분	1군	2군
작성 대상	주요취급시설*이 있는 사업장 *'유해화학물질별수량기준의 상위 규정 수량' 이상 사업장 내 취급시설	1군 사업장 미해당
제출 시기	설치검사 60일 전, 이후 5년마다 제출	설치검사 60일 전

[표 6-3] 화학사고예방관리계획서 작성 내용
(시행규칙 제19조 제3항, [별표 4])

구분	내용
1. 기본정보	사업장 일반정보, 유해화학물질 목록 및 유해성 정보, 취급시설 입지정보
2. 시설정보	공정안전정보, 안전장치 현황
3. 장외 평가정보	사고시나리오 선정, 사업장 주변지역 사고영향평가, 위험도 분석
4. 사전관리 방침	안전관리계획, 비상대응체계
5. 내부 비상대응계획	사고대응 및 응급조치 계획, 화학사고 사후조치
6. 외부 비상대응 계획 (1군만 해당)	지역사회 공조계획, 주민보호 및 대피계획, 지역사회 고지계획

3) 취급시설 관리(배치·설치 및 관리 기준 등)

- 취급시설의 설치검사, 정기검사, 안전진단, 자체점검 등의 주요 내용은 [표 6-4]와 같음.

※ i) 취급시설 배치·설치 및 관리기준 미준수, ii) 설치·정기검사 또는 안전진단을 받지 아니하거나 부적합 판정을 받는 경우 개선명령 부과(법 제25조 제1항)→개선명령 미이행하는 경우 가동중지 명령(동조 제2항)

[표 6-4] 유해화학물질 취급시설의 관리

구분	주요 내용	수행 주체
설치검사 (제24조 제2항, 제4항, 시행규칙 제22조, 제23조 제1항)	유해화학물질 취급사업장은 제조·사용/보관·저장 등 시설별로 규정된 안전기준에 맞춰 설치하고 검사 ※ 시기: 유해화학물질 취급시설 설치 완료 후 해당시설 가동 전 ※ 연구실, 학교 등은 면제	검사기관 (한국환경공단, 한국산업안전보건공단, 한국가스안전공사)
정기검사 (동조 제3항, 제4항, 시행규칙 제23조 제2항)	사업장의 위험도 및 취급량에 따라 구분하여 규제 1. 1군 사업장 내 취급시설(가위험도): 1년 2. 1군 사업장 내 취급시설(나위험도): 2년 3. 2군 사업장 내 취급시설: 3년 4. 최하위 규정수량 이상 취급 사업장중 1.~3.에 해당하지 않는 시설: 4년 ※ 천재지변이나 부득이한 사유 등 기간 연장 가능 ※ 연구실, 학교 등은 면제	검사기관 (상동)
안전진단 (동조 제5항, 시행규칙 제24조)	설치/정기/수시 검사 결과 안전상 위허가 우려되는 경우(검사 결과를 받은 날부터 20일 이내) 또는 취급시설 설치 후 네번째 정기검사 기한이 도래한 경우(사업장의 위험도 및 취급량에 따라 4~12년) ※ 설치/정기검사 또는 안전진단("적합") 받지 아니한 경우 유해화학물질 취급시설 사용 불가(동조 제6항)	검사기관 (상동)
자체점검 (제26조, 시행규칙 제26조)	주 1회 이상 점검(일정구간·공간마다 시설·장비 유형별, 가동중단 또는 휴업 시에도 실시) ※ 정기적인 점검 실시 및 5년간 기록·비치	사업장

(3) 규제 3: 유해화학물질 영업자/취급자

1) 영업의 구분(제27조) 및 영업허가 등(제28조)

(가) 영업의 구분(제27조)

- 유해화학물질 제조업: 판매할 목적으로 유해화학물질을 제조하는 영업
- 유해화학물질 판매업: 유해화학물질을 상업적으로 판매하는 영업
- 유해화학물질 보관·저장업: 유해화학물질을 일정한 시설에 보관·저장하는 영업
- 유해화학물질 운반업: 유해화학물질을 운반(항공기·선박·철도를 이용한 운반은 제외한다)하는 영업
- 유해화학물질 사용업: 유해화학물질을 사용하여 제품을 제조하거나 세척·도장 등 작업과정 중에 유해화학물질을 사용하는 영업

[표 6-5] 유해화학물질 영업허가 등 <2025. 8. 7. 시행>

구분	주요내용
영업허가 대상 (제28조 제1항)	• '하위 규정수량* 이상'의 유해화학물질을 취급하는 시설을 설치·운영하려는 자 • 한번에 1톤을 초과하는 수량의 유해화학물질을 운반하는 자
영업신고 대상 (제28조 제6항, 제29조의3)	• '최하위 규정수량 기준 이상 하위 규정수량 기준 미만'인 유해화학물질을 취급하는 취급시설을 설치·운영하려는 자 • 취급시설 없는 유해화학물질 판매업 등
영업허가·신고 면제 대상 (제29조)	• 기계나 장치에 내장, 시험용·연구용·검사용 시약 관련 유해화학물질 영업하는 자 • 유해화학물질 취급시설을 설치·운영하지 아니하고 유해화학물질 판매업을 하는 자

* 유해화학물질별 규정수량은 '유해화학물질의 규정수량에 관한 규정(화학물질안전원 고시 제2025-12호)' 참고

(나) 영업허가 등

- 유해화학물질 영업을 하려는 자는 유해화학물질별 취급시설·장비 및 기술인력을 갖추어 사업장마다 영업구분에 맞는 허가 신청·취득해야 함.
- 유해화학물질 영업자/취급자의 주요 준수사항을 정리하면 [표 6-6]과 같음.

[표 6-6] 유해화학물질 영업자/취급자의 준수사항

구분	주요 내용
관리자 (법 제32조, 규칙 제33조)	유해화학물질 영업자는 사업 개시 전에 유해화학물질 취급량 및 종사자 수 등 환경부령에 정하는 기준에 따라 화학물질관리자 선임 ※ 선임시 신고, 관리자 해임 또는 퇴직한 날부터 30일 이내 신규 선임 (환경부장관)
안전교육 (제33조 제2항, 규칙 제37조)	• (정기 안전교육) 유해화학물질 영업허가 사업장에서 근무하는 자는 교육 이수 - 법 제32조에 따른 유해화학물질관리자(매 2년, 16시간) - 운반자 등이 화학사고 일으킨 경우 등에는 1년 이내에 8시간 추가 교육 - 모든 종사자(매년 1회, 2시간 이상) • (전문 안전교육) 화학사고예방관리 계획서 작성자 (16시간 추가) - 화학사고예방관리계획서 작성자 등 전문성 필요(16시간 추가 교육)
취급중단 및 휴·폐업 조치사항 (제34조 제1항, 규칙 제38조)	유해화학물질 영업자는 30일 이상 취급을 중단하기 전 규정된 조치 필요 ※ 조치사항: 외부인 출입통제, 취급시설 밀폐, 자체점검 계획 마련, 잔여 유해화학물질 처분(60일 초과) 등
휴·폐업신고 등 (동조 제2항, 규칙 제39조)	유해화학물질 영업의 휴/폐업 또는 60일이상 시설 가동중단 → 예정일 10일 전 신고(지방환경관서의 장) 신고 전 잔여 유해화학물질 처분 등 조치사항 이행 ※ 안전관리 실태 확인·점검 및 조치(시행규칙 제39조 제3항)

(다) 유해화학물질관리자 (법 제32조 제1항, 시행규칙 제33조)

– 유해화학물질관리자의 선임기준은 [표 6-7]과 같음.

[표 6-7] 유해화학물질관리자의 선임 기준<신설 2025. 8. 7.>

<table>
<tr><th>구분</th><th colspan="2">선임기준</th></tr>
<tr><td>책임자</td><td colspan="2">1명
※ 다만, 종업원이 10명 미만인 경우에는 점검원이 책임자를 겸할 수 있음
※ 법 제29조의3제1항제1호에 따른 신고를 한 자로서 유해화학물질별수량기준의 최하위 규정수량 미만의 유해화학물질을 취급하는 자는 선임하지 않을 수 있음</td></tr>
<tr><td rowspan="3">점검원</td><td rowspan="2">영업허가 대상</td><td>운반업: 운반차량 20대당 1명. 다만, 운반차량의 대수가 20대 이하인 경우는 선임하지 아니할 수 있음</td></tr>
<tr><td>운반업 외: 다음 구분에 따른 인원
1) 연간 취급량에 따른 기준
가) 연간 유해화학물질 취급량이 천톤 미만인 경우: 1명
나) 연간 유해화학물질 취급량이 천톤 이상 만톤 미만인 경우: 2명
다) 연간 유해화학물질 취급량이 만톤 이상 십만톤 미만인 경우: 3명
라) 연간 유해화학물질 취급량이 십만톤 이상 백만톤 미만인 경우: 4명
마) 연간 유해화학물질 취급량이 백만톤 이상인 경우: 5명
2) 영업의 종류 및 종사자 수에 따른 기준
가) 유해화학물질 제조업 및 보관 · 저장업의 허가를 받은 자: 종사자 5백명당 1명
나) 유해화학물질 판매업 및 사용업의 허가를 받은 자: 종사자 5천명당 1명</td></tr>
<tr><td>영업신고 대상</td><td>선임 불요</td></tr>
</table>

(4) 규제 4: 화학사고 대응

화학사고 대응 관련 주요 내용을 정리하면 [표 6-8]과 같음.

[표 6-8] 화학사고 대응 관련 주요 내용

구분	주요 내용
응급조치 (제43조 제1항)	화학사고가 발생하거나 발생 우려가 있으면 허당 화학물질을 취급하는 자는 즉시 화학사고예방관리계획서에 따라 위해방제에 필요한 응급조치 실시 ※ 다만, 화학사고의 중대성·시급성이 인정되는 경우에는 취급시설 가동 중단
발생신고 (제43조 제2항)	화학사고* 발생시 즉시(15분 이내) 신고 ※ 취급자가 현장에서 중상을 입는 등 불가피한 경우는 예외('화학사고 즉시 신고에 관한 규정' 참고) * 시설의 교체 등 작업 시 작업자의 과실, 시설 결함·노후화, 자연재해, 운송사고 등으로 인하여 화학물질이 사람이나 환경에 유출·누출되어 발생하는 모든 상황
신고기관 (제43조 제2항)	관할 지방자치단체, 지방환경관서(화학물질안전원, 유역/지방환경청 등), 국가경찰관서, 소방관서 또는 지방고용노동관서
가동중지 명령 (제44조의2)	현장수습조정관은 업무의 효율적인 수행을 위하여 필요하다고 인정되는 경우 해당 화학물질 취급시설에 대한 가동 중지를 명령할 수 있음 ※ 가동중지명령을 받은 사업자는 즉시 해당 화학물질 취급시설 가동 중지

(5) 화관법상 주요 행정처분 및 벌칙

1) 행정처분 (법 제34조의2, 제35조, 시행규칙 제40조 [별표 7])

일반기준

1. 위반행위가 둘 이상인 경우로서 그에 해당하는 각각의 처분기준이 다른 경우에는 그 중 무거운 처분기준에 따름
2. 위반행위의 횟수에 따라 최근 2년간 같은 위반행위로 행정처분을 받은 경우 가중처벌(다음 차수 적용)

위반사항	근거 법령	행정처분 기준			
		1차	2차	3차	4차
나. 화학물질 통계조사 또는 화학물질 배출량 조사에 필요한 자료를 제출하지 않은 경우	법 제34조의2제1항제1호 등	개선명령	경고	영업정지 5일	영업정지 1개월
다. 법 제13조를 위반하여 유해화학물질 취급기준을 준수하지 않은 경우 1) 법 제13조제2호의 취급기준을 위반한 경우	제34조의2 제1항 제2호 등	개선명령	경고	영업정지 15일	영업정지 1개월
자. 법 제23조의2제1항을 위반하여 화학사고예방관리계획서를 이행하지 않은 경우 1) 화학사고 발생 시 화학사고예방관리계획서에 따른 응급조치를 이행하지 않은 경우	제35조 제2항 제8호의2	경고	영업정지 5일	영업정지 15일	영업정지 15일
카. 유해화학물질 취급시설 검사 또는 안전진단을 실시하지 않고 취급시설을 설치·운영한 경우 1) 유해화학물질 취급시설 검사 미 실시	제35조 제2항 제9호	개선명령	영업정지 5일	영업정지 1개월	-
2) 유해화학물질 취급시설 안전진단 미 실시		개선명령	영업정지 15일	영업정지 3개월	-
파. 법 제25조 및 제34조의2에 따른 개선명령을 이행하지 않은 경우	제35조 제2항 제11호	개선명령	영업정지 15일	영업정지 3개월	-
거. 법 제27조에 따른 업종 구분과 영업 내용의 범위를 벗어나는 영업을 한 경우	제34조의2 제1항 제7호 등	개선명령	영업정지 15일	영업정지 1개월	-
저. 법 제43조제2항을 위반하여 즉시 신고를 하지 않은 경우	제35조 제2항 제23호	경고	영업정지 15일	영업허가 취소	-

2) 벌칙 및 과태료

위반사항	근거법령	벌칙
업무상 과실 또는 중과실로 화학사고를 일으켜 사람을 사상(死傷)에 이르게 한 자	법 제57조	10년 이하의 금고나 2억원 이하의 벌금
화학사고예방관리계획서를 제출하지 아니하거나 거짓으로 제출한 자 화학사고예방관리계획서를 이행하지 아니한 자	법 제58조 제3호의2 제3호의3	5년 이하의 징역 또는 1억원 이하의 벌금
유해화학물질 영업허가를 받지 아니하거나 거짓으로 허가를 받고 유해화학물질을 영업 또는 취급한 자	법 제58조 제4호	5년 이하의 징역 또는 1억원 이하의 벌금
유해화학물질 취급기준을 지키지 아니한 자	법 제59조 제1호	3년 이하의 징역 또는 5천만원 이하의 벌금
검사/안전진단 적합 판정을 받지 아니하고 취급시설을 설치 · 운영한 자	법 제59조 제3호	3년 이하의 징역 또는 5천만원 이하의 벌금
화학사고 발생 즉시 신고를 하지 아니한 자	법 제60조	2년 이하의 징역 또는 1억원 이하의 벌금
화학물질확인 내용을 제출하지 아니하거나 거짓으로 제출한 자	법 제64조 제1항 제1호	1천만원 이하의 과태료
화학물질 통계조사/배출량조사에 필요한 자료제출 명령에 따르지 아니하거나 거짓으로 제출한 자	법 제64조 제1항 제2호 제3호	1천만원 이하의 과태료
유해화학물질 영업의 변경신고를 하지 아니하거나 거짓으로 변경신고를 하고 영업을 한 자	법 제64조 제1항 제5호	1천만원 이하의 과태료
유해화학물질관리자 선임, 해임, 퇴직신고를 하지 아니한 자 또는 직무 대리자를 지정하지 아니한 자	법 제64조 제1항 제7호	1천만원 이하의 과태료
유해화학물질 안전교육을 받게 하지 아니하거나 유해화학물질 안전교육을 실시하지 아니한 유해화학물질 영업자	법 제64조 제2항 제4호	300만원 이하의 과태료
기록·보존 의무(제50조 제1항)를 위반한 자	법 제64조제2항 제5호	300만원 이하의 과태료

기업환경규제 대응을 위한

'한눈에 쏙' 환경법

VII
통합환경관리(환경오염시설법)

1 환경오염시설법의 체계 개관

(1) 입법 목적 및 다른 법률과의 관계

– 환경오염시설법은 사업장에서 발생하는 오염물질 등을 효과적으로 줄이기 위하여 배출시설 등을 통합 관리하고, 최적의 환경관리기법을 각 사업장의 여건에 맞게 적용할 수 있는 체계를 구축하는 것이 목적인 법임(제1조).

– 즉, 대기환경보전법 등 7개 개별법률에 분산된, 환경오염시설 관련 10개 인·허가에 대한 통합 허가/관리를 위한 법인바[표 7-1], 통합관리사업장의 배출시설 등에 대한 허가 및 관리 등에 관하여 「대기환경보전법」 등 7개 개별법률에 우선하여 적용함(법 제4조).

[표 7-1] 환경오염시설법에 따른 통합허가

구분	개별허가	통합허가
법률	「대기환경보전법」, 「소음·진동관리법」, 「물환경보전법」, 「악취방지법」, 「잔류성유기오염물질 관리법」, 「토양환경보전법」, 「폐기물관리법」	「환경오염시설법」
인허가	대기, 수질, 소음·진동, 비산먼지, 악취, VOC, 비점오염원, 토양, 폐기물처리시설, 비산배출시설	통합허가

(2) 조문 체계

– 환경오염시설법의 전체 조문 체계는 제1장 총칙(제1조~제4조)부터 제7장 벌칙(제38조~제47조)로 구성되는데(그림 7. 1.), 제2장 통합관리사업장의 배출시설등에 대한 허가 등(제5조~제11조), 제3장 통합관리사업장의 배출시설등에 대한 관리 등(제12조~제23조)에 주로 기업 규제 관련 사항이 규정되어 있음.

[그림 7. 1.] 환경오염시설법의 조문 체계

제1장 총칙
(제1조~제4조)

- 목적
- 정의
- 국가의 책무
- 다른 법률과의 관계

2장 통합관리사업장의 배출시설 등에 대한 허가등
(제5조~제11조)

- 통합허가
- 허가기준 등
- 허가배출기준
- 허가조건 및 허가배출기준의 변경
- 통합허가에 따른 법률 적용상의 특례
- 권리 · 의무의 승계

제2장의2 통합허가의 대행
(제11조의2~제11조의11)

- 통합허가대행업의 등록 등
- 결격사유
- 통합허가대행업자 등의 준수사항
- 통합허가대행업자의 권리 · 의무 승계
- 업무의 폐업 · 휴업
- 등록의 취소 등
- 통합허가대행업자의 영업수행능력 평가 및 공시
- 대행 실적의 보고 등
- 통합허가대행업의 기술인력 육성 등
- 비밀유지의 의무

제3장 배출시설등에 대한 관리 등
(제12조~제23조)

- 가동개시 신고 및 수리
- 오염도 측정
- 개선명령 등
- 배출부과금의 부과·징수
- 배출부과금의 감면
- 배출부과금의 조정 등
- 배출부과금의 징수유예·분할납부 및 징수절차
- 측정기기 부착 등
- 측정기기의 운영·관리 등
- 배출시설등 및 방지시설의 운영·관리 등
- 허가의 취소 등
- 과징금

제4장 최적가용기법
(제24조~제26조)

- 최적가용기법
- 실태조사
- 기술개발의 지원

제5장 보칙
(제27조~제37조)

- 정보공개
- 통합환경허가시스템 구축
- 환경전문심사원의 운영 등
- 보고와 검사 등
- 자가측정
- 기록 · 보존
- 연간보고서
- 수수료
- 협회의 설립
- 권한의 위임 및 위탁
- 벌칙 적용에서 공무원 의제
- 규제의 재검토

제6장 벌칙
(제38조~제47조)

- 벌칙(제38~45조)
- 양벌규정(제46조)
- 과태료(제47조)

(3) 통합환경관리 체계

- 통합환경관리는 환경오염시설법에 의한 통합관리 사업장을 대상으로 최초 허가부터 허가배출기준 설정, 배출/방지시설의 설치, 가동개시신고, 배출/방지시설의 운영관리 등 시설과 행위 관련 전주기/과정을 관리하는 체계임(그림 7. 2.).

- 기본적으로는 대기, 수질의 배출 규제 및 관리 체계와 유사한 절차, 내용 등으로 구성됨. 다만 대기, 수질과 같은 일률적인 오염물질 배출허용기준에 의해 관리하는 것이 아니라 각 사업장의 여건에 맞는 허가배출 기준을 설정하고 배출시설 등을 통합 관리하는 것에 큰 차이가 있음.

NOTE

[그림 7. 2.] 통합환경관리체계

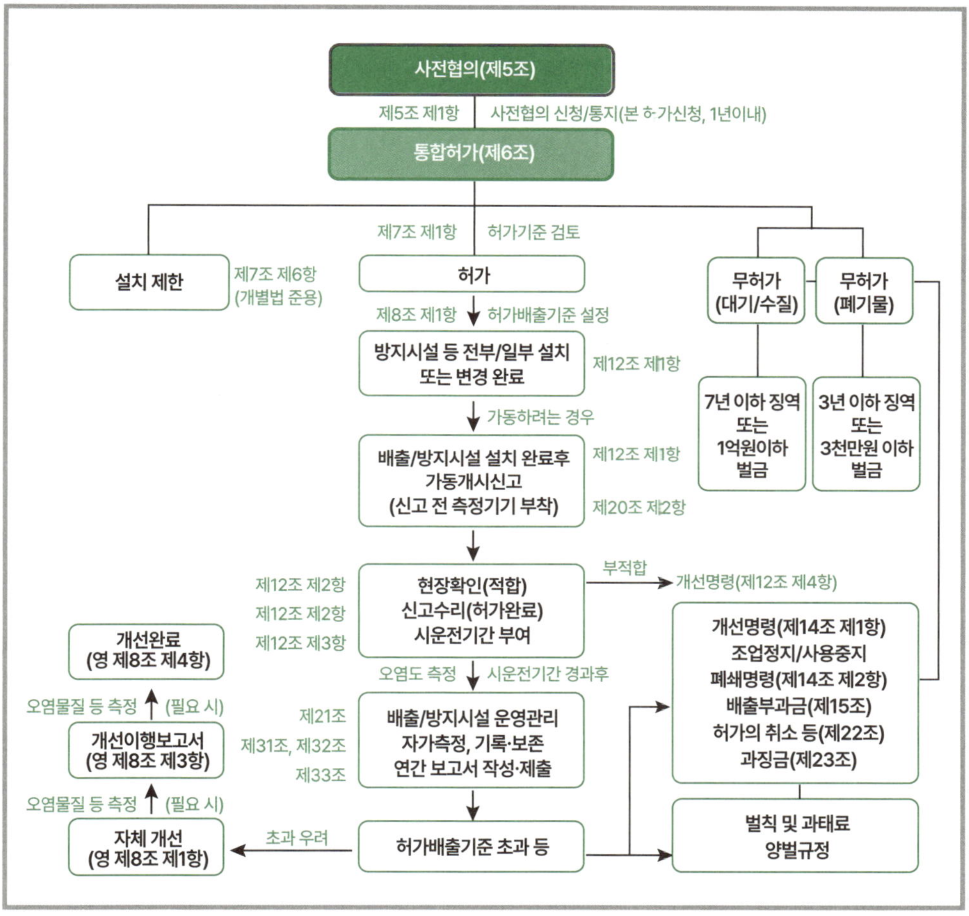

(4) 행정제재 및 행정벌

– 허가배출기준 초과, 배출/방지시설의 부적정 운영 등 배출 규제 및 관리 체계를 위반하는 경우 행정처분, 벌칙 등이 부과됨[표 7-2].

[표 7-2] 환경오염시설법상 행정제재 및 행정벌

구분	내용	근거
벌칙	징역 또는 벌금	제38조(7년, 1억원)~제45조(100만원)
행정처분	개선명령(허가배출기준초과) 조업정지명령 사용중지명령 허가의 취소 행정처분 기준	제14조 제14조 제14조 제22조 제22조 제4항
부과금/ 과징금	배출부과금(기본*, 초과**) 과징금(3억원 이하***)	제15조 제23조
과태료	경미한 위반	제47조(1천5백~200만원)
양벌규정	업무 관련 위반행위자 외 법인 또는 개인(대표 등) 벌금형	제46조 (제38조~제45조 위반시)

* 대기오염물질: 허가배출기준 이하 배출, 수질오염물질: 허가배출기준 이하로 배출되나 방류수 수질기준 초과 배출

** 대기오염물질 또는 수질오염물질이 허가배출기준을 초과하여 배출하는 경우

*** 과징금 금액 = 연간 매출액 × 1/3,600 × 사용중지 일수(동법 시행령 제23조의2 별표 13의2)

2 주요 규제 내용

(1) 규제 1: 통합허가

1) 사전협의 및 허가신청

– 기존 개별법률의 인허가 절차에서는 없는 허가권자(환경부장관)와의 공식 사전협의 절차가 신설됨. 사전협의 및 허가신청 절차는 다음과 같음.

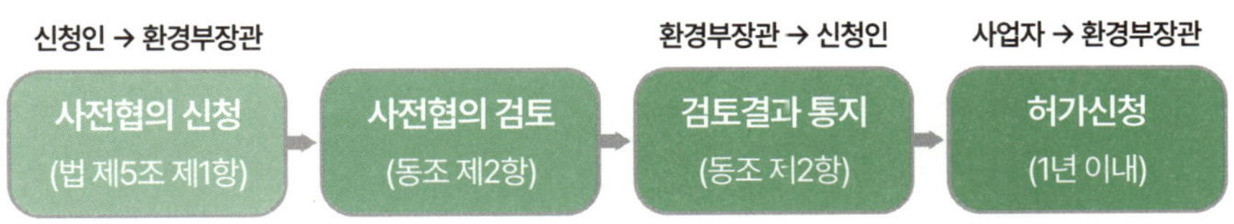

(가) 협의대상(시행규칙 제3조 제1항)

> 1. 배출시설등 및 방지시설의 설치·운영 계획에 관한 사항
> 2. 허가배출기준의 설정에 관한 사항
> 3. 배출영향분석에 관한 사항

(나) 신청내용 검토 및 사전협의 결과서(시행규칙 [별지 제2호 서식]) 통지

– 사전협의 결과서에 포함되는 내용

> 1. 신청내용에 대한 종합의견
> 2. 배출시설등 및 방지시설의 설치 및 운영 계획
> 3. 허가배출기준의 설정
> 4. 배출영향분석 결과
> 5. 그 밖의 의견

(다) 허가기간

– 사전협의 후 1년(1년 연장 가능) 이내 본 허가 신청(시행규칙 제3조 제4항)

※ 기한 내 미신청 시 사전협의 결과 불인정

2) 통합허가(제6조)

(가) 허가권자: 환경부장관

(나) 대상 업종 및 사업장

– 대상 업종: 환경에 미치는 영향이 큰 22개 업종(동조 제1항, 동법 시행령 제2조, [별표 1])

– 적용 시기: 2017년부터 7년간 단계적 시행(기존 사업장은 업종별 적용일로부터 4년간 유예기간 적용)

[대상 업종별 적용 시기(시행령 [별표 1])]

- 전기업(351), 증기, 폐기물처리업(382) 등(2017년 1월~)
- 석유화학계 기초화학물질 제조업(20111), 1차 철강 제조업(241) 등(2018년 1월~)
- 석유 정제품 제조업(192), 기타 기초 무기 화학물질 제조업(20129) 등(2019년 1월~)
- 전자부품 제조업(262) 중 표시장치 제조업(2621) 등(2020년 1월~)
- 플라스틱제품(222)/반도체(261)/자동차 부품(303) 제조업 등(2021년 1월~)
- 시멘트, 석회, 플라스터 및 그 제품 제조업(233) 중 시멘트제조업(23311). 다만, 소성시설이 설치되지 않은 사업장은 제외(2023년 7월 1일~)

※ 종 구분은 통계법, 통계청장이 고시하는 한국표준산업분류 기준(대기/물환경보전법 등 배출시설 분류 아님)에 따름.

※ 하나의 사업장이 두 개 이상 업종에 해당, 그 업종 중 통합관리 대상 업종에 해당하는 업종이 있고, 다음 각 목의 기준에 모두 해당하는 경우에는 그 통합관리 대상 업종을 해당 사업장의 업종으로 보아 법을 적용함.

가. 통합관리 대상 업종에 해당하는 업종의 매출액이 나머지 업종의 각각의 매출액보다 클 것

나. 통합관리 대상 업종에 해당하지 않는 업종의 시설에 배출시설등이 설치되어 있고, 그 배출시설등에 대해 최적가용기법기준서의 적용이 가능할 것

(다) 대상 사업장: 대기·수질 1, 2종 사업장(중소규모 사업장은 자발적 통합허가 신청 가능)

▶ 통합관리사업장의 배출시설 등 허가 및 관리에 관하여는 **환경오염시설법**이 대기환경보전법, 물환경보전법 등보다 우선 적용

(라) 변경허가·신고 대상(제6조 제2항, 시행령 제2조)

– 변경허가: 오염물질 발생량 증가, 허가배출기준 변경 등(제2항 본문)

– 변경신고: 배출시설/방지시설 신설, 증설, 교체 등(제2항 단서)

(마) 허가조건(제6조 제3항)

– 허가 또는 변경허가를 하는 경우 사람의 건강이나 주변 환경에 미치는 영향을 최소화하기 위한 '허가조건'을 붙일 수 있음.

(바) 허가신청(동조 제4항)

– 신청서와 통합환경관리계획서 제출(사업자 → 환경부장관)

※ "통합허가서류 등의 작성을 통합허가대행업의 등록을 한 자가 대행 가능(동조 제8항)

▶ 변경허가/변경신고 누락 및 허가조건 미 준수 등 법령 위반 유의(개별법 준용, 일부 상이)

(2) 규제 2: 허가배출기준

1) 허가배출기준의 설정

(가) 최대배출기준 이하로 허가배출기준 설정(제8조 제1항)

(나) 허가배출기준 설정 시 고려사항(동조 제2항)

> 1. 「환경정책기본법」에 따른 환경기준
> 2. 「환경정책기본법」에 따른 시·도 환경계획 및 시·군·구 환경계획에 반영된 환경의 질(質) 목표
> 3. 배출시설등을 설치·변경하려는 지역의 기존 대기질·수질의 오염상태 및 수계 이용 현황
> 4. 제1호부터 제3호까지에서 규정한 사항 외에 환경부령으로 정하는 환경의 질 목표 수준

(다) 허가배출기준 설정 방안

> 1. 현재의 최적가용기법 적용 시 발생할 수 있는 오염물질의 최대치를 최대배출기준(법 제24조 제4항, 시행규칙 제26조)으로 설정
> 2. 배출영향분석을 통해 오염물질 배출이 환경에 미치는 영향 산정(법 제6조 제4항, 시행규칙 제6조)
> 3. 산정결과를 환경기준 등과 비교하여 환경영향이 없는 범위 내에서 사업장별 허가배출기준 설정(법 제8조 제1항, 시행규칙 제8조)
>
> ※ 허가배출기준(안)은 배출영향분석 결과를 바탕으로 사업자가 제시(기존의 획일적인 배출허용기준 등과는 달리 개별 사업장별 맞춤형 기준)하고 허가기관이 적정성 검토

(라) 허가조건/허가배출기준의 재검토(제9조 제1항)

- 허가조건 또는 허가배출기준을 5년 주기로 검토, 사업자의 의견을 들어 변경
- 변경 요건

> 1. 최대배출기준이 변경된 경우
> 2. 사업장 주변의 환경 변화에 따라 관리·감독의 강화가 필요한 경우(외적 요인 변화)
> 3. 해당 시설 및 공정의 운영·관리조건 등의 변경이 필요한 경우(내적 요인 변화)
> 4. 그 밖에 사업장 외부 사람의 건강이나 주변 환경에 중대한 영향이 우려되어 관리·감독의 강화가 필요한 경우

- 변경요건에 해당하는 경우 사업자에게 변경 내용 및 사유 등 통지(시행규칙 제9조 제1항)
- 검토주기 연장 요건(시행령 제4조 제2항)

> 1. 오염물질등의 배출수준을 지속적으로 허가배출기준보다 현저하게 낮게 유지 등
> 2. 환경부장관이 정하여 고시하는 적절한 환경관리기법 적용
> 3. 허가조건 및 시설 운영·관리 기준 등 관련 법령 준수
> 4. 오염물질 등의 배출수준, 시설의 운영 상황 등을 적절하게 측정하고 모니터링
>
> ※ 평가요소를 3단계(보통, 양호, 우수)로 평가하여 최대 3년 부여(시행규칙 제9조 제6항, 별표 9)

(3) 규제 3: 자체 개선 관련

(가) 자체 개선 절차

- 기존 개별법률에서는 없는 자체 개선 절차가 신설됨. 사업자가 자발적으로 배출시설 등을 개선할 수 있음.

  ※ 자체 개선 절차: 개선계획서 제출 → 개선이행보고서 제출 → 개선 완료

(나) 개선계획서(시행령 제8조 제1항 제1~4호, 시행규칙 제13조 제1항)

- 사업자는 허가배출기준을 초과하여 오염물질등을 배출할 우려가 있는 경우로서 다음 각 호의 어느 하나에 해당하는 경우에는 환경부장관에게 스스로 자체 개선계획서를 제출하고 개선할 수 있음.

> 1. 배출시설등 또는 방지시설을 개선·변경·점검 또는 보수하기 위하여 불가피하게 허가배출기준을 초과하여 배출하는 경우
> 2. 수질오염물질을 생물화학적 방법으로 처리하는 경우로서 기후변동, 이상물질의 유입 등으로 배출시설등이나 방지시설을 정상적으로 운영할 수 없는 경우
> 3. 주요 기계장치 등의 돌발적인 사고로 배출시설등이나 방지시설을 정상적으로 운영할 수 없는 경우
> 4. 천재지변, 화재, 단전·단수, 그 밖의 불가항력적인 사유로 배출시설등이나 방지시설을 정상적으로 운영할 수 없는 경우

(다) 개선이행보고서(시행령 제8조 제3항, 시행규칙 제13조 제1항)

- 사업자가 개선기간에 개선을 마쳤을 때에는 지체 없이 자체 개선이행보고서 제출(개선 완료 확인시 필요한 경우 배출시설 등에서 배출되는 오염물질 등 측정)

  ※ 오염물질 등의 측정방법에 관하여는 법 제13조제2항 준용

(4) 규제 4: 배출시설 및 방지시설 관련

환경오염시설법에서도 대기, 수질의 규제와 유사하게 배출/방지시설 관련 위반에 따른 행정처분, 벌칙 등을 부과할 수 있는데, 행정처분의 기준 등은 다음과 같음.

(가) 행정처분(제22조 제4항, 시행규칙 제25조 [별표 14])

1. 위반사항이 두 가지 이상인 경우에는 각 위반사항에 따라 각각 처분
2. 위반행위의 횟수에 따라 최근 2년간(일부는 1년) 같은 위반행위로 행정처분을 받은 경우 가중처벌(높은 차수 적용)
3. 대기 배출시설 및 방지시설에 대한 위반횟수는 배출구별로 산정

위반사항	근거 법령	행정처분 기준			
		1차	2차	3차	4차
1) 거짓이나 그 밖의 부정한 방법으로 법 제6조에 따른 허가 또는 변경허가를 받았거나 변경신고를 한 경우	법 제22조 제1항 제1호	허가 취소	-	-	-
6) 법 제6조제3항에 따른 허가조건을 준수하지 아니한 경우	법 제22조 제1항 제5호				
가) 법 제7조제5항에 따른 배출시설 설치제한지역 밖에 있는 사업장의 경우		경고	조업 정지 10일	조업 정지 1개월	조업 정지 3개월
나) 법 제7조제5항에 따른 배출시설 설치제한지역 안에 있는 사업장의 경우		경고	조업 정지 1개월	조업 정지 3개월	허가 취소

(나) 벌칙 및 과태료

위반사항	근거법령	벌칙
허가 또는 변경허가를 받지 아니하거나 거짓으로 허가 또는 변경허가를 받아 배출시설등(제2조제2호나목의 대기오염물질배출시설 또는 같은 호 사목의 폐수배출시설에 한정)을 설치 또는 변경하거나 그 배출시설등을 이용하여 조업한 자	법 제38조 제1호	7년 이하의 징역 또는 1억원 이하의 벌금
가동개시 신고를 하지 아니하고 배출시설등을 가동한 자	법 제39조 제1호	5년 이하의 징역 또는 5천만원 이하의 벌금
허가 또는 변경허가를 받지 아니하거나 거짓으로 허가 또는 변경허가를 받아 배출시설등(제2조제2호카목의 폐기물처리시설에 한정)을 설치 또는 변경하거나 그 배출시설등을 이용하여 조업한 자	법 제40조 제1호	3년 이하의 징역 또는 3천만원 이하의 벌금
허가배출기준 초과에 따른 개선명령을 이행하지 아니한 자(악취에 대한 허가배출기준을 초과한 경우)	법 제44조	3백만원 이하의 벌금

NOTE

3 [참고] 환경범죄단속법

환경범죄단속법은 '기업 환경 규제 6법'과 함께 주요한 환경 규제 법률로서 환경오염 또는 환경훼손 행위에 대한 가중처벌 및 단속·예방 등에 관한 사항을 규정함. 기존 환경 개별 법률과는 별개로 오염물질의 불법배출 등에 대한 가중처벌이 가능함.

(1) 규율 대상: 오염물질 및 불법배출

(가) 오염물질(제2조 제1호)

가. 「대기환경보전법」 제2조제1호에 따른 대기오염물질
나. 「물환경보전법」 제2조제7호에 따른 수질오염물질
다. 「토양환경보전법」 제2조제2호에 따른 토양오염물질
라. 「화학물질관리법」 제2조제2호에 따른 유독물질
마. 「하수도법」 제2조제1호 · 제2호에 따른 오수(汚水) · 분뇨 또는 「가축분뇨의 관리 및 이용에 관한 법률」 제2조제2호에 따른 가축분뇨
바. 「폐기물관리법」 제2조제1호에 따른 폐기물
사. 「농약관리법」 제2조제1호 및 제3호에 따른 농약 및 원제(原劑)
아. 「잔류성오염물질 관리법」 제2조제1호에 따른 잔류성오염물질불법배출(제2조 제2호)

(나) 법상 불법배출(동조 제2호)의 예시

가. 「대기환경보전법」 제31조제1항제1호, 제2호 또는 제5호에 해당하는 행위
나. 「물환경보전법」 제15조제1항제1호 또는 제38조제1항 및 같은 조 제2항 각 호의 어느 하나에 해당하는 행위

라. 「폐기물관리법」 제13조에 따른 기준과 방법에 적합하지 아니하게 폐기물을 매립하거나 수집, 운반, 보관 또는 처리하여 주변 환경을 오염시키는 행위

사. 「물환경보전법」 제15조제1항제2호 또는 제4호를 위반하는 행위

아. 「화학물질관리법」 제13조에 따른 유해화학물질 취급기준에 적합하지 아니하게 유독물질을 관리함으로써 유해화학물질을 배출 · 누출하는 행위

자. 「대기환경보전법」 제16조 또는 제29조제3항에 따른 기준을 초과하여 오염물질을 배출하는 행위

차. 「물환경보전법」 제32조에 따른 기준을 초과하여 오염물질을 배출하는 행위

카. 「하수도법」 제7조 또는 「가축분뇨의 관리 및 이용에 관한 법률」 제13조에 따른 기준을 초과하여 오염물질을 배출하는 행위

타. 「환경오염시설의 통합관리에 관한 법률」 제21조제1항제1호가목 · 나목, 같은 항 제2호 또는 제3호에 해당하는 행위

파. 「잔류성오염물질 관리법」 제14조제3항을 위반하는 행위

(2) 오염물질 불법배출의 가중처벌(법 제3조)

- 오염물질을 불법배출함으로써 사람의 생명이나 신체에 위해를 끼치거나 상수원을 오염시킴으로써 먹는 물의 사용에 위험을 끼친 자는 3년 이상 15년 이하의 유기징역에 처함(제1항).

- 제1항의 죄를 범하여 사람을 죽거나 다치게 한 자는 무기 또는 5년 이상의 유기징역에 처함(제2항).

(3) 과징금(법 제12조)

- 환경부장관은 다음 각 호의 어느 하나에 해당하는 자에게 매출액에 100분의 5를 곱한 금액을 초과하지 아니하는 금액과 오염물질의 제거 및 원상회복에 드는 비용을 더한 금액을 과징금으로 부과할 수 있음(제1항).

> 1. 해당하는 오염물질을 불법배출(제2조제2호가목부터 아목 까지의 행위만 해당)한 자
>   가. 「대기환경보전법」 제2조제9호의 특정대기유해물질
>   나. 「물환경보전법」 제2조제8호의 특정수질유해물질
>   다. 「폐기물관리법」 제2조제4호의 지정폐기물
>   라. 「하수도법」 제2조제1호 및 제2호에 따른 오수 및 분뇨와 「가축분뇨의 관리 및 이용에 관한 법률」 제2조제2호에 따른 가축분뇨 중 각각 생물화학적 산소요구량이 리터당 1천500밀리그램 이상인 오수 · 분뇨 및 가축분뇨

- 매출액을 계산할 때에는 해당 사업장의 최근 3년간 매출액의 평균을 기준으로 함(동조 제2항).

NOTE

기업환경규제 대응을 위한

'한눈에 쏙' 환경법

VIII
환경규제 리스크 및 대응전략 / 주요 환경 판례 소개

1 환경규제 리스크 및 주요 위반 사항

(1) 대기 및 수질오염 관리 (오염물질 배출 규제)

- 대기, 수질 관련 법 위반사례는 주로 지도·점검(정기/수시), 민원 등을 통해 적발됨.
- 행정처분 외 i) 양벌규정(위반행위자 외 법인, 대표 등), ii) 매출액 기반(5% 이내) 과징금, iii) 위반횟수에 따른 가중처벌 등이 주요 리스크임. 제2장과 제3정에서 살펴본 주요 규제 및 쟁점과 그에 따른 주요 위반사항을 요약하면 다음과 같음[표. 8-1~3].

[표 8-1] 대기환경보전법 주요 규제 및 쟁점

<table>
<tr><th>구분</th><th colspan="2">주요 규제 및 쟁점</th><th>리스크</th></tr>
<tr><td rowspan="4">대기
오염</td><td>배출시설/방지시설
인허가</td><td>• 무허가/미신고
• (변경)허가 /신고 누락 등</td><td rowspan="2">• 조업정지(과징금) 등 행정처분
• 벌칙(양벌규정) 및 과태료 등</td></tr>
<tr><td>배출시설/방지시설
적정운영·관리</td><td>• 부적정 운영(공기 희석, 가지 배출관 설치 행위 등)
• 측정기기 미설치
• 자가측정 미실시, 측정기록 조작 등
• 운영일지 기록관리 미흡</td></tr>
<tr><td>비산먼지</td><td>• 신고 누락, 조치 미흡 등</td><td>사용중지, 벌칙 등</td></tr>
<tr><td>배출허용기준</td><td>• 물질 추가 및 기준강화(매 5년)
• 기준 초과</td><td>조업정지 등
배출부과금</td></tr>
</table>

[표 8-2] 물환경보전법 주요 규제 및 쟁점

<table>
<tr><th>구분</th><th colspan="2">주요 규제 및 쟁점</th><th>리스크</th></tr>
<tr><td rowspan="3">수질
오염</td><td>배출시설/방지시설
인허가</td><td>• 허가조건 위반
• (변경)허가/신고 누락 등</td><td rowspan="2">• 조업정지(과징금) 등 행정처분
• 벌칙(양벌규정) 및 과태료 등</td></tr>
<tr><td>배출시설/방지시설
적정운영·관리</td><td>• 부적정 운영(방지시설 미 유입, 우수 등 희석 배출 등)
• 측정기기 미설치
• 운영일지 기록관리 미흡</td></tr>
<tr><td>배출허용기준/방류수
수질기준</td><td>• 물질 확대(TOC 등) 및 기준 강화
• 기준 초과</td><td>조업정지 등
배출 부과금</td></tr>
</table>

[표 8-3] 주요 위반 사항 및 리스크 정리

구분	주요 위반사항	리스크
대기	• 배출허용기준 초과 • 부적정 운영(공기 희석, 가지 배출관 설치 행위 등) • 운영일지 미작성, 대기오염물질 측정 조작 • 무허가/미신고 및 변경허가/신고 누락	• 개선명령, 조업정지 (과징금) 등 행정처분 • 배출부과금 • 벌칙(양벌규정) 및 과태료 등
수질	• 배출허용기준 초과 • 부적정 운영(방지시설 미 유입, 우수 등 희석배출 등) • 폐수 무단방류 등 • 운영일지 미작성 • 무허가/미신고 및 변경허가/신고 누락	

(2) 폐기물/토양오염 관리

(가) 폐기물관리법

– **폐기물처리업 관련:** i) 허가조건 위반, ii) 변경허가/신고 누락 등 유의가 필요함.

– **조치명령(제48조) 관련:** i) 징벌적 과징금(부적정처리이익 3배이하 및 제거 및 원상회복에 드는 비용)이 부과될 수 있고, ii) 조치명령대상자가 광범위하여, 부적정처리폐기물을 발생시킨 자부터 최종처분에 관여한 자까지 등이 포함된다는 점 등을 유의하여야 함.

(나) 토양환경보전법

– 토지거래/매매 등 관련 오염토양 정화책임 및 비용에 대한 손해배상, 하자담보책임, 구상권 청구 소송 등이 주요 리스크임.

※ 소송 유형 i) 민법 제580조, 하자담보책임, ii) 토양환경보전법 제10조의 3, 손해배상책임(불법행위), iii) 민법 제390조, 손해배상책임(채무불이행)

(다) 주요 규제 및 쟁점의 요약

– 제4장과 제5장에서 살펴본 주요 규제 및 쟁점과 그에 따른 주요 위반사항을 요약하면 다음과 같음[표 8-4~5].

[표 8-4] 폐기물/토양오염 주요 규제 및 쟁점

구분	주요 규제 및 쟁점		리스크
폐기물	사업장폐기물 관리 (보관·배출, 처리·재활용 등)	• 사업장폐기물배출자, 폐기물 처리기준 등 의무 준수(배출자 신고(사업장폐기물)/처리 계획 확인(지정폐기물) 등) • 재활용 원칙 등 준수(네거티브 규제방식)	조치명령, 벌칙 및 과태료 등
	폐기물처리업	• 폐기물 처리 위·수탁 계약, 업체 적격성 등 확인	법적 권리·의무의 승계
	특정토양오염관리 대상시설 관리	• 설치 신고, 토양오염검사 (오염도/누출 검사) 등 관리	시정명령/사용중지명령, 벌칙 등
토양오염	토양오염	• 정밀조사/정화조치명령 • 토양정화/검증 등	벌칙 및 과태료

[표 8-5] 주요 위반 사항 및 리스크 정리

구분	주요 위반사항	리스크
폐기물	• 사업장폐기물배출자 의무(배출자 신고, 처리계획 확인 등) • 폐기물 보관·관리(보관시설 적정 여부, 혼합 보관 여부, 보관기간/능력 준수, 보관 표지판 등) • 폐기물 처리기준(폐기물 종류·성질·상태별 구분, 위탁적법처리 등) • 폐기물처리업(허가조건 위반, 변경 허가/신고 누락, 적합성 확인) • 부적정처리폐기물(처리위탁 후 처리과정 확인 등)	조치명령 과징금 벌칙 및 과태료 등

토양 오염	• 오염된 토양 양수/인수(거래당사자, 토양환경평가) • 토양오염도 검사(특정토양오염관리대상시설의 설치자) • 토양오염실태조사(지자체) • 토양오염 신고(민원인)	정밀조사/ 정화조치명령 정화비용 관련 분쟁

(3) 화학물질 관리

화학사고 발생시 발생신고(15분 이내 즉시) 등 준수해야 하고 화관법 외에 산업안전보건법, 중대재해처벌법 등이 적용될 수 있는데, 이때 각 적용 법령에 따른 유관기관, 후속 대응 절차 등이 달라질 수 있음. 제6장에서 살펴본 주요 규제 및 쟁점을 요약하면 다음과 같음[표 8-6].

[표 8-6] 화학물질관리 주요 규제 및 쟁점

구분	주요 규제 및 쟁점		리스크
화학물질관리	유통관리	• 화학물질 확인 • 배출량 조사/저감계획서 작성·제출 • 수입허가/신고 등	• 영업정지 (과징금) 등 행정처분 • 벌칙(양벌규정) 및 과태료 등
	안전관리	• 화학사고예방관리계획서 작성·이행 • 취급시설 설치 준수/가동·운영 (정기/수시검사, 안전진단, 자체점검)	
	영업자/취급자 준수사항	• 영업허가/취급기준 준수 • 관리자 선임, 안전교육 • 서류의 기록·보존(법 제50조)	
	화학사고	• 응급조치(계획서) • 발생신고(15분이내 즉시)	

(4) 통합환경관리

통합환경관리는 기본적으로 대기, 수질의 배출 규제 및 관리 체계와 유사함. 다만 각 사업장의 통합허가 및 허가배출 기준에 따라 배출시설 등을 통합 관리하는 것에 큰 차이가 있음. 제 7장에서 살펴본 주요 규제 및 쟁점을 요약하면 다음과 같음 [표 8-7].

[표 8-7] 통합환경관리 주요 규제 및 쟁점

구분	주요 규제 및 쟁점		리스크
통합 환경 관리	환경오염시설 통합 인·허가/운영·관리	• 허가조건 위반, 변경허가/신고 누락 등 • 부적정 운영(대기/수질 등 관계법령 준용)	조업정지, 벌칙 및 과태료 등
	허가배출기준	• 기준 초과(대기/수질/악취 등) • 재검토	배출부과금 등
	자체개선	• 개선계획서 → 이행보고서	행정제재 등 없음

NOTE

2 대응전략

(1) 선제적 대비의 중요성

- 환경규제 리스크에 대응하기 위해서는 컴플라이언스 시스템 구축 등을 통한 사전대비가 중요함.

- 사후대응을 위해서는 시간, 비용 등이 많이 소요되고 소송에서의 승소 등은 담보하기 어려움

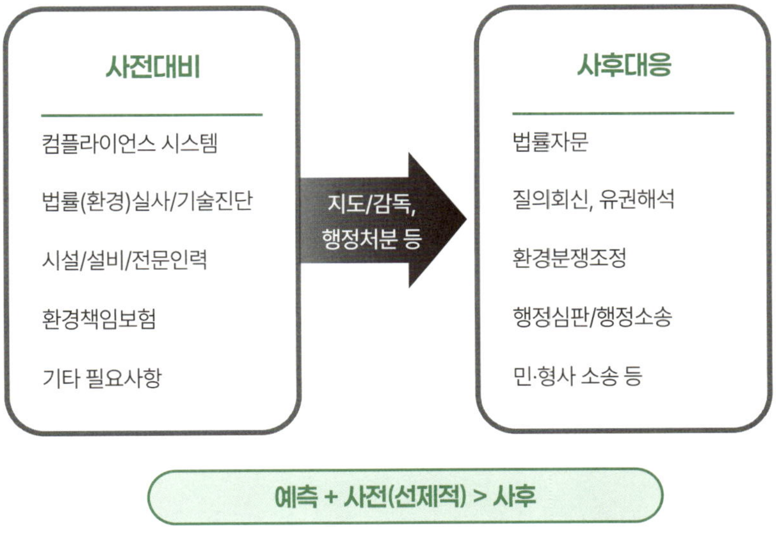

(2) 컴플라이언스

사전에 환경규제 리스크를 식별하고 발생가능성과 영향도를 기준으로 주요 리스크(Key Risk)를 선정한 후 원인 분석을 통해 개선대책 수립 및 지속적인 이행/점검 등 시스템 구축

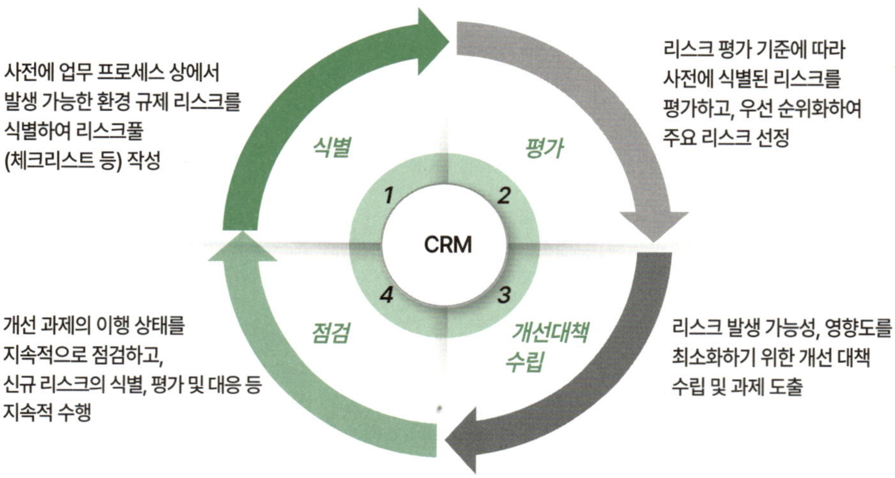

(3) 지도점검 및 행정조치 절차(예시)

– 환경법규 위반은 주로 지도·점검(정기/수시) 등을 통해 적발되고, 지도점검은 일반적으로 행정절차법, 환경 개별 법령 등에서 규정한 절차, 내용 등을 준수하므로 현장에서의 대응이 중요함.

– 개략적인 지도점검 및 행정조치 절차는 다음과 같음[표 8-8].

[표 8-8] 지도점검 및 행정조치 절차(예시)

절차	수행기관	주요내용
1.1 지도점검 및 위반사항 확인	유역 · 지방환경청, 지자체 등	• 정기/수시 사후관리 현장점검* 및 검사 결과에 따른 위반사항 확인(확인서 징구) * 비정상 가동/무단방류 등 배출시설 점검, 시료채취 등 • 과태료, 고발(벌칙) 결정
↓		
1.2 처분사전통지 (의견제출 안내 포함)	유역 · 지방환경청, 지자체 등	• 위반내용, 처분명 등을 기입하여 처분 사전 통지(확인서) – 처분사전 통지 시 의견제출서 첨부 – 의견제출 기한 10일 명시
↓		
1.3 제출의견 검토 및 청문 (필요시)	유역 · 지방환경청, 지자체 등	• 특별한 의견이 없으면 불수용으로 검토
↓		
1.4 행정조치 (또는 처분통지 제외)	유역 · 지방환경청, 지자체 등	• 처분 확정 사실을 통보 • 이의제기 방법 통보 • 제출의견을 '수용'한 경우 행정처분 제외 • 기관 간 행정조치 사항 정보 공유
↓		
1.5 형사 고발 및 수사	경찰, 검찰 등	• 피의자 신문 및 참고인 조사 • 정식기소(징역 또는 벌금), 약식기소(벌금), 기소유예/무혐의

3 주요 환경 판례 소개

(1) 대기환경보전법 - 대기배출시설 설치 불허가처분 등 취소

대법원 2013. 5. 9. 선고 2012두22799 판결

< 사실관계 >

- 원고는 대기환경보전법 등에 따라 대기배출시설 설치신고 등을 하고 열병합발전소를 운영하던 중, 사용연료 및 시설을 교체하며, 오염방지시설도 교체하는 내용으로 피고(경기도지사)에게 대기배출시설 설치허가신청 등을 하였음.
- 피고는 발전소가 i) 대기관리권역에 위치하고 있다는 점, ii) 인근 주민 및 동식물의 생육에 대한 위해와 상수원에 대한 악영향을 초래할 우려가 있다는 점, iii) 지역주민의 설치반대 민원이 지속적으로 야기되고 있다는 점 등을 고려하여 위 신청에 대하여 불허가처분을 하였음.
- 이에, 원고는 법령상 허가제한사유가 없는데도 대기배출시설 설치 불허가 처분이 내려져서는 안된다는 점 등을 주장하며, 위 처분 등의 취소를 구하는 소송을 제기함.

< 판결요지 >

- 환경부장관은 대기배출시설 설치허가 신청이, ① 대기환경보전법에서 정한 허가기준에 부합하고, ② 대기환경보전법에서 정한 허가제한사유에 해당하지 않는 한, 원칙적으로 허가를 하여야 함.

- 다만, 대기환경보전법에서 정한 허가제한사유에 준하는 사유로서, 환경 기준의 유지가 곤란하거나 주민의 건강·재산, 동식물의 생육에 심각한 위해를 끼칠 우려가 있다고 인정되는 등 중대한 공익상의 필요가 있을 때에는 허가를 거부할 수 있다고 보는 것이 타당함(즉, 배출시설 설치허가는 기속행위가 아닌 재량행위라는 취지임).
- 이 사건에서는 허가제한요건에 준하는 사유가 인정된다고 판단하여, 해당 쟁점에 대하여 원고 패소함.

〈 **관련 법령**(현행 법령 기준, 강조는 저자 표시, 이하 판례에서 전부 동일) 〉

대기환경보전법 제23조(배출시설의 설치 허가 및 신고) ① 배출시설을 설치하려는 자는 대통령령으로 정하는 바에 따라 시·도지사의 **허가**를 받거나 시·도지사에게 **신고**하여야 한다. 다만, 시·도가 설치하는 배출시설, 관할 시·도가 다른 둘 이상의 시·군·구가 공동으로 설치하는 배출시설에 대해서는 환경부장관의 허가를 받거나 환경부장관에게 신고하여야 한다.

② 제1항에 따라 허가를 받은 자가 허가받은 사항 중 대통령령으로 정하는 중요한 사항을 변경하려면 변경허가를 받아야 하고, 그 밖의 사항을 변경하려면 변경신고를 하여야 한다.

⑦ 제1항과 제2항에 따른 **허가 또는 변경허가의 기준**은 다음 각 호와 같다.

1. **배출시설에서 배출되는 오염물질을 제16조나 제29조제3항에 따른 배출허용기준 이하로 처리할 수 있을 것**
2. **다른 법률에 따른 배출시설 설치제한에 관한 규정을 위반하지 아니할 것**

⑧ 환경부장관 또는 시·도지사는 배출시설로부터 나오는 특정대기유해물질이나 특별대책지역의 배출시설로부터 나오는 대기오염물질로 인하여 환경기준의 유지가 곤란하거나 주민의 건강·재산, 동식물의 생육에 심각한 위해를 끼칠 우려가 있다고 인정되면 대통령령으로 정하는 바에 따라 특정대기유해물질을 배출하는 배출시설의 설치 또는 특별대책지역에서의 배출시설 설치를 제한할 수 있다.

대기환경보전법 시행령 제12조(배출시설 설치의 제한) 법 제23조제8항에 따라 환경부장관 또는 시·도지사가 배출시설의 설치를 제한할 수 있는 경우는 다음 각 호와 같다.

1. 배출시설 설치 지점으로부터 반경 1킬로미터 안의 상주 인구가 2만명 이상인 지역으로서 특정대기유해물질 중 한 가지 종류의 물질을 연간 10톤 이상 배출하거나 두 가지 이상의 물질을 연간 25톤 이상 배출하는 시설을 설치하는 경우
2. 대기오염물질(먼지·황산화물 및 질소산화물만 해당한다)의 발생량 합계가 연간 10톤 이상인 배출시설을 특별대책지역(법 제22조에 따라 총량규제구역으로 지정된 특별대책지역은 제외한다)에 설치하는 경우

---

(2) 물환경보전법(구 수질 및 수생태계 보전에 관한 법률) – 수질초과배출부과금 부과처분 취소

대법원 2017. 11. 29. 선고 2014두13232 판결

< 사실관계 >

– A조합은, 공동방지시설 관련 사업장별로 폐수 배출량 및 수질오염물질 농도를 측정할 수 없는 경우의 배출부과금 분담비율 등을 정하는 '분담규약'을 심의·의결하여 피고(관할 행정청)에게 제출하였음.

– 피고는 공동방지시설에 대한 '초과배출부과금'을 산정한 후, '분담규약'에서 정한 바에 따라 각 사업장별로 배분하여 원고들(A조합의 조합원 및 조합원으로부터 공장을 임차하여 사업하는 비조합원들)에게 배출부과금을 각 부과하였음.

– 이에 원고들은, '분담규약'의 무효 등을 주장하며, 각자에 대한 수질초과배출부과금 부과처분 취소를 구하는 소송을 제기함.

< 판결요지 >

– 사업자들이 배출시설로부터 배출되는 수질오염물질의 공동처리를 위하여 공동방지시설을 설치하였고, 사업장별 폐수배출량 및 수질오염물질 농도를 측정할 수 없는 경우, 행정청이 사업자들이 제출한 '분담규약'에서 정한 '사업장별 배출부과금 분담비율'에 근거하여 각 사업자별로 배출부과금을 부과하였다면 **그 규약에서 정한 분담기준이 현저히 불합리하다는 등 특별한 사정이 없는 이상,** 이러한 배출부과금 부과처분이 위법하다고 볼 수는 없음.

< 관련 법령 >

물환경보전법 제35조(방지시설의 설치·설치면제 및 면제자 준수사항 등) ④ 사업자는 배출시설(폐수무방류배출시설은 제외한다)로부터 배출되는 수질오염물질의 공동처리를 위한 공동방지시설(이하 "공동방지시설"이라 한다)을 설치할 수 있다. 이 경우 각 사업자는 사업장별로 해당 수질오염물질에 대한 방지시설을 설치한 것으로 본다.

⑤ 사업자는 공동방지시설을 설치·운영할 때에는 해당 시설의 운영기구를 설치하고 대표자를 두어야 한다.

⑥ 그 밖에 공동방지시설의 설치·운영에 필요한 사항은 환경부령으로 정한다.

물환경보전법 시행규칙 제45조(공동방지시설의 설치·변경 등) ① 사업자 또는 법 제35조제5항에 따른 공동방지시설운영기구의 대표자(이하 "공동방지시설의 대표자"라 한다)는 법 제35조제4항에 따른 공동방지시설(이하 "공동방지시설"이라 한다)을 설치하려는 경우에는 법 제33조제6항에 따라 다음 각 호의 서류를 시·도지사에게 제출해야 한다. 다만, 시·도지사는 폐수배출시설 설치허가(변경허가를 포함한다)를 받거나 폐수배출시설 설치신고(변경신고를 포함한다)를 한 사업자에게는 제2호와 제3호의 서류를 제출하지 않게 할 수 있다.

1. 공동방지시설의 설치명세서와 그 도면 및 위치도(축척 2만 5천분의 1의 지형도를 말한다)
2. 사업장별 폐수배출시설의 설치명세서 및 수질오염물질 등의 배출량예측서
3. 사업장별 원료사용량·제품생산량에 관한 서류, 공정도 및 폐수배출배관도
4. 사업장에서 공동방지시설에 이르는 배수관 설치도면 및 명세서

5. 사업장에서 사용하는 모든 용수의 사용량과 폐수배출량을 각각 확인할 수 있는 적산유량계 등 측정기기의 설치계획 및 그 부착 부위를 확인할 수 있는 도면(영 제35조에 따른 측정기기부착 대상사업장만 제출한다)

6. **사업장별 폐수배출량 및 수질오염물질 농도를 측정할 수 없을 때의 배출부과금·과태료·과징금 및 벌금 등에 대한 분담명세를 포함한 공동방지시설의 운영에 관한 규약**

---

(3) 폐기물관리법 - 재활용의 원료로 공급되는 물질의 '폐기물성'

대법원 2010. 9. 30. 선고 2009두6681 판결

< 사실관계 >

- 골재 제조업, 폐기물 중간 처리업 등을 영위하는 원고 1(甲 회사)이 건설현장에서 발생하는 토사를 공급받아 세척시설을 이용하여 모래와 흙으로 분리한 후 흙을 인근지역 농민인 원고 2에게 공급하였음.
- 이에, 피고(행정청)는 원고들에 대하여, 위 흙은 폐기물관리법상 사업장폐기물에 해당하는데, 이를 불법배출 및 반입하였다는 이유로 '불법배출 폐기물 적정처리'를, 원고 2에 대하여는 '폐기물 반입지 원상복구'를 내용으로 하는 조치명령을 내렸음.
- 원고들은, 문제된 흙은 농업용으로 사용할 수 있는 상태로 만들어져서 더 이상 '폐기물'이 아니라고 주장하면서, 명령의 취소를 구하는 소송을 제기함.

< 판결요지 >

– 자연환경 및 생활환경에 중대한 영향을 미칠 우려가 있는 폐기물의 배출을 엄격히 규제하여 환경보전과 국민생활의 질적 향상을 도모하려는 폐기물관리법의 취지에 비추어, **사업장에서 배출되는 위와 같은 물질이 당해 사업장의 사업활동에 필요하지 아니하게 된 이상, 그 물질은 폐기물관리법에서 말하는 폐기물에 해당한다고 보아야 하고, 당해 사업장에서 폐기된 물질이 재활용 원료로 공급된다고 해서 폐기물로서의 성질을 상실하는 것은 아님.**

▶ 폐기물이 재활용될 수 있는지 여부만으로는 '폐기물성'에 영향을 미치지 않음

– 이에, 이 사건 흙이 농업용 객토로 사용하기에 유리한 점이 있다는 사정만으로 농업용 재료로 바뀌어 폐기물로서의 속성을 상실하였다고 볼 수는 없다고 판단하여, 원고 패소함.

< 관련 법령 >

폐기물관리법 제2조(정의) 이 법에서 사용하는 용어의 뜻은 다음과 같다.

1. "폐기물"이란 쓰레기, 연소재(燃燒滓), 오니(汚泥), 폐유(廢油), 폐산(廢酸), 폐알칼리 및 동물의 사체(死體) 등으로서 사람의 생활이나 사업활동에 필요하지 아니하게 된 물질을 말한다.

(4) 폐기물관리법 - 주민 거주지 인접 폐기물처리시설 부적합통보 처분 취소

대법원 2019. 12. 24. 선고 2019두45579 판결

< 사실관계 >

- 원고가 피고(지자체)에게 폐기물처리 종합재활용업 사업계획서를 제출하였으나, 피고는 위 사업계획서에 대하여 부적합통보를 하였음.
- 이에 원고는 시설설치로 인해 인근 주민들에게 어떤 피해가 발생할지 구체적인 근거가 없고, 폐기물 재활용은 신재생에너지 생산 등 공익적 측면이 강하다는 점 등을 주장하며 부적합통보 처분 취소를 구하는 소송을 제기하였음.
- 피고는 부적합통보를 하면서 그 처분서에 법령에 저촉된다는 취지만을 간략히 적었을 뿐 구체적인 판단 근거를 적지 않았으나, 소송이 진행되면서 공익을 해칠 우려(사업예정지는 주민 350여명이 거주하는 마을 인근(약 350m)에 위치한다는 점 등)가 있다고 주장함.

< 판결요지 >

- 행정청은 사람의 건강이나 주변 환경에 영향을 미치는지 여부 등 생활환경과 자연환경에 미치는 영향을 두루 검토하여 폐기물처리사업계획서의 적합 여부를 판단할 수 있으며, 이에 관해서는 행정청에 광범위한 재량권이 인정됨.

▶ 폐기물 사업요건 적정성 판단여부에 대해 행정청에 상당한 재량권이 있음

- 처분이 재량권을 일탈·남용하였다는 사정은 그 처분의 효력을 다투는 자가 주장·증명하여야 함. 다만, 행정청이 폐기물처리사업계획서 부적합 통보를 하면서

그 처분서에 불확정개념으로 규정된 법령상의 허가기준 등을 충족하지 못하였다는 취지만을 간략히 기재하였다면, 부적합 통보에 대한 취소소송절차에서 행정청은 그 처분을 하게 된 판단 근거나 자료 등을 제시하여 구체적 불허가사유를 분명히 함.

<관련 법령>

폐기물관리법 제25조(폐기물처리업) ② 환경부장관이나 시·도지사는 제1항에 따라 제출된 폐기물 처리사업계획서를 다음 각 호의 사항에 관하여 검토한 후 그 적합 여부를 폐기물처리사업계획서를 제출한 자에게 통보하여야 한다.

1. 폐기물처리업 허가를 받으려는 자(법인의 경우에는 임원을 포함한다)가 제26조에 따른 결격사유에 해당하는지 여부
2. 폐기물처리시설의 입지 등이 다른 법률에 저촉되는지 여부
3. 폐기물처리사업계획서상의 시설·장비와 기술능력이 제3항에 따른 허가기준에 맞는지 여부
4. **폐기물처리시설의 설치·운영으로 「수도법」 제7조에 따른 상수원보호구역의 수질이 악화되거나 「환경정책기본법」 제12조에 따른 환경기준의 유지가 곤란하게 되는 등 사람의 건강이나 주변 환경에 영향을 미치는지 여부**

(5) 폐기물관리법 – 폐기물처리업체 변경허가 신청 미이행에 따른 과징금부과 처분 취소

대법원 2020. 6. 11. 선고 2019두49359 판결

< 사실관계 >

– 원고(폐기물 중간처분업체)는 소각시설을 허가받은 내용과 달리, 소각시설 1호기에 관하여 시간당 2톤을 소각할 수 있는 용량으로 허가를 받았음에도 시간당 4.6톤을 소각할 수 있는 용량으로 무단 증설을 하고, 소각시설 2호기에 관하여 당초 시간당 2톤을 소각할 수 있는 용량으로 허가를 받았음에도 실제로는 시간당 5.5톤을 소각할 수 있는 용량으로 무단 설치하여, 허가 받은 처분능력의 30%를 초과하여 과다소각 하였음.

– 이에, 피고(한강유역환경청장)가 변경허가사항을 받지 아니하고 과다소각하였다는 이유로 영업정지 6개월 처분을 갈음하여 과징금 1억 원을 부과하는 처분을 하자, 원고는 위 처분의 취소를 구하는 소송을 제기함.

– 해당 소송에서, 원고는, 폐기물관리법 시행규칙 제29조 제1항 제2호 마목은 변경허가사항으로 "폐기물 처분시설의 증설, 개·보수 또는 그 밖의 방법으로 허가 또는 변경허가를 받은 처분용량의 100분의 30 이상의 변경"을 정하고 있으나, '소각시설의 **물리적 증설 없이 단순히 1일 가동시간을 늘리는 등의 방법으로** 허가받은 처분용량의 30%를 초과한 경우에는 **변경허가사항에 해당하지 않는다**'고 주장하여 쟁점화됨.

< 판결요지 >

– i) 침익적 행정처분의 근거 규정에 대하여 엄격하게 해석·적용해야 한다는 법리(대법원 2012. 2. 23. 선고 2011두23337 판결), ii) 폐기물관리법령이 시설기준과

행위기준을 분명하게 구분하는 규율 체계를 취하고 있는 점, iii) '용량'의 사전적 의미가 가구나 그릇 같은 데 들어갈 수 있는 분량이라는 점 등을 종합적으로 고려할 때, 폐기물관리법 시행규칙 제29조 제1항 제2호 (마)목의 '처분용량의 변경'이란 폐기물 중간처분업(소각)의 경우 소각시설을 물리적으로 증설하는 경우를 의미하고, 소각시설의 증설 없이 단순히 소각시설의 가동시간을 늘리는 등의 방법으로 소각량을 늘리는 행위는 이에 포함되지 않음.

▶ 폐기물관리법상 '처분용량의 변경'은 소각시설의 '물리적 증설'을 의미함. 다만, 물리적 증설을 하지 아니하고 소각량을 늘리는 경우에도 '1일 처리용량'이라는 허가조건을 위반하는 경우에는 해당할 수 있음.

– 위와 같은 해석에도 불구하고, 원고의 물리적 증설이 인정되는 등 원고 패소함.

< 관련 법령 >

폐기물관리법 시행규칙 제29조(폐기물처리업의 변경허가) ① 법 제25조제11항에 따라 폐기물처리업의 변경허가를 받아야 할 중요사항은 다음 각 호와 같다.

2. 폐기물 중간처분업, 폐기물 최종처분업 및 폐기물 종합처분업
   가. 처분대상 폐기물의 변경
   나. 폐기물 처분시설 소재지의 변경
   다. 운반차량(임시차량은 제외한다)의 증차
   라. 폐기물 처분시설의 신설
   마. **폐기물 처분시설의 증설, 개·보수 또는 그 밖의 방법으로 허가 또는 변경허가를 받은 처분용량의 100분의 30 이상의 변경(허가 또는 변경허가를 받은 후 변경되는 누계를 말한다)**

바. 주요 설비의 변경. 다만, 다음 1)부터 4)까지의 경우만 해당한다.

1) 폐기물 처분시설의 구조 변경으로 인하여 별표 9 제1호나목2)가)의 (1)·(2), 나)의 (1)·(2), 다)의 (2)·(3), 라)의 (1)·(2)의 기준이 변경되는 경우

2) 차수시설·침출수 처리시설이 변경되는 경우

3) 별표 9 제2호나목2)바)에 따른 가스처리시설 또는 가스활용시설이 설치되거나 변경되는 경우

4) 배출시설의 변경허가 또는 변경신고의 대상이 되는 경우

사. 매립시설 제방의 증·개축

아. 허용보관량의 변경

---

(6) 폐기물관리법 - 산업단지 폐기물처리시설의 영업구역 제한에 따른 폐기물처리사업계획서 적정통보 취소처분 취소

대전고등법원 2021. 2. 4. 선고 2020누11785 판결 (확정)

< 사실관계 >

– 원고(폐기물처리업자)에 대하여 서산시장은 입주계약 승인 시 '산업단지 내에서 발생되는 폐기물에 한하여 처리해야 함'이라는 조건을 부가했고, 충청남도의 실시계획변경 승인 시에도 동일한 조건이 부가됨.

– 그러나 원고는 영업구역을 '산업단지 및 그 인근지역'으로 하는 폐기물처리사업계획서를 제출하여 피고(금강유역환경청장)로부터 적정 통보를 받았음.

– 이후 피고가 사업계획서 내용이 입주계약 및 실시계획변경 승인 조건과 일치하지 않는다는 이유로 적정통보를 취소하자, 원고는 위 처분의 취소를 구하는 소송을 제기함.

< 판결요지 >

– 1심에서는 "'산업입지 및 개발에 관한 법률' 등에 근거한 실시계획 등은 '폐기물관리법' 제25조 제7항과는 입법목적과 규율 대상이 다르므로 이에 근거하여 영업구역을 제한할 수 있다"고 판단하였으나, 항소심에서는 "영업제한 구역 제한이 생활폐기물의 수집·운반업에 대하여만 영업구역을 제한할 수 있도록 한 폐기물관리법 제25조 제7항에 위반된다"고 판단하여, 원고의 청구를 인용함.

▶ 생활폐기물의 수집·운반업 외에 영업구역을 제한하는 것은 위법한 처분임.

< 관련 법령 >

폐기물관리법 제25조(폐기물처리업) ⑦ 환경부장관 또는 시·도지사는 제3항에 따른 허가 또는 제11항에 따른 변경허가를 할 때에는 주민생활의 편익, 주변 환경보호 및 폐기물처리업의 효율적 관리 등을 위하여 필요한 조건을 붙일 수 있다. 다만, 영업 구역을 제한하는 조건은 생활폐기물의 수집·운반업에 대하여 붙일 수 있으며, 이 경우 시·도지사는 시·군·구 단위 미만으로 제한하여서는 아니 된다.

(7) 폐기물관리법 – 경매 등에 따라 폐기물처리업을 양수한 경우 법적 권리·의무 승계 여부

대법원 2021. 7. 15. 선고 2021두31429 판결

< 사실관계 >

- 피고(지자체)는 A사(폐기물처리업체)에 대하여 방치폐기물처리 이행보증금 계약갱신명령위반을 사유로 폐기물 중간재활용업 허가취소처분을 하였고, 이후 '방치폐기물에 대한 처리명령'을 하였으나, A사는 위 명령을 이행하지 아니하였음.
- 제조·판매업체인 원고는 부동산 임의경매 절차를 통해 A사 사업장과 그 곳에 있던 폐기물처리업 관련 시설의 소유권을 이전 받았음.
- 이에, 피고는 원고에게 경매를 통하여 A사의 폐기물처리시설을 인수한 결과 권리·의무도 승계했다며 A사의 방치폐기물을 처리할 것을 명하였음.
- 그러자, 원고는 '경매 절차가 개시되기 전에 A사의 폐기물처리업 허가가 취소되어 권리·의무 승계 대상이 없다'며 방치폐기물 처리명령에 대한 취소소송을 제기하였음.

< 판결요지 >

- 폐기물관리법에서 정한 '허가에 따른 권리·의무 승계'의 효과는 폐기물처리시설 등 인수자가 **허가관청에 권리·의무의 승계를 신고해 허가관청이 이를 수리한 경우** 발생함.

  법 제40조 제3항에 정한 방치폐기물 처리명령을 할 수 있는 자 역시 위 승계신고가 수리됨으로써 영업허가자의 지위를 얻게 된 자를 의미함.

– C사는 경매로 폐기물처리시설 등을 인수한 뒤 허가관청에 폐기물처리업 허가에 따른 권리·의무 승계신고를 한 적이 없고, 폐기물처리업과 관련 없는 사업을 하고 있기 때문에, 경매를 통해 '허가에 따른 권리·의무를 승계'한다고 볼 수 없으며, 법 제40조 제3항에서 정한 방치폐기물 처리명령의 수범자가 될 수 없음.

< 관련 법령 >

폐기물관리법 제33조(권리·의무의 승계 등) ① 폐기물처리업자, 제29조에 따른 폐기물처리시설의 설치승인을 받거나 신고를 한 자, 폐기물처리 신고자 또는 전용용기 제조업자(이하 이 조에서 "폐기물처리업자등"이라 한다)로부터 폐기물처리업, 폐기물처리시설, 제46조제1항에 따른 시설 또는 전용용기 제조업(이하 이 조에서 "폐기물처리업등"이라 한다)을 양수하거나 「민사집행법」에 따른 경매, 「채무자 회생 및 파산에 관한 법률」에 따른 환가(환가)나 「국세징수법」·「관세법」 또는 「지방세징수법」에 따른 압류재산의 매각, 그 밖에 이에 준하는 절차에 따라 인수하는 경우에 **해당 양수인 또는 인수인은 환경부령으로 정하는 바에 따라 환경부장관 또는 시·도지사의 허가를 받아야 한다. 이 경우 허가를 받은 양수인 또는 인수인은 폐기물처리업등의 허가·승인·등록 또는 신고에 따른 권리·의무를 승계한다.**

제40조(폐기물처리업자 등의 방치폐기물 처리) ③ 환경부장관 또는 시·도지사는 제2항 또는 제39조의3에 따라 폐기물처리업자나 폐기물처리 신고자에게 처리명령을 하였음에도 불구하고 처리되지 아니한 폐기물이 있으면 제33조제1항부터 제3항까지에 따라 권리·의무를 승계한 자에게 기간을 정하여 폐기물의 처리를 명할 수 있다.

(8) 폐기물관리법 – 오염된 토양의 폐기물성

대법원 2011. 5. 26. 선고 2008도2907 판결

< 사실관계 >

- 피고인 甲은 다량의 산업폐기물을 소각한 후 이 사건 토지에 매립함으로써 이 사건 토지의 토양 전체가 광범위하게 오염됨.
- 피고인 甲은 피고인 乙과 이 사건 토지의 산업폐기물 처리에 관한 도급계약을 체결하였는데, 피고인 乙은 폐토사를 굴착한 후 육안으로 보아 색상이 검은 것은 지정폐기물로, 양호한 것은 건설폐기물로 분류한 다음, 지정폐기물로 분류된 토사를 인근에 옮겼다가 차량에 상차하여 폐기물처리업 허가업체들에게 처리하게 하였음.
- 이로 인해 피고인 甲, 乙 등은 폐기물관리법 위반죄로 기소되었음.

< 판결요지 >

- 토양은 폐기물 기타 오염물질에 의하여 오염될 수 있는 대상일 뿐, **오염토양이라 하여 동산으로서 '물질'인 폐기물에 해당한다고 할 수 없고, 오염토양은 법령상 절차에 따른 정화의 대상이 될 뿐** 법령상 금지되거나 그와 배치되는 개념인 투기나 폐기의 대상이 된다고 할 수 없으므로, 폐기물관리법 위반죄가 불성립함.

< 관련 법령 >

폐기물관리법 제2조(정의) 이 법에서 사용하는 용어의 뜻은 다음과 같다.

1. "폐기물"이란 쓰레기, 연소재(燃燒滓), 오니(汚泥), 폐유(廢油), 폐산(廢酸), 폐알칼리 및 동물의 사체(死體) 등으로서 사람의 생활이나 사업활동에 필요하지 아니하게 된 물질을 말한다.

토양환경보전법 제4조의2(토양오염의 우려기준) 사람의 건강·재산이나 동물·식물의 생육에 지장을 줄 우려가 있는 토양오염의 기준(이하 "우려기준"이라 한다)은 환경부령으로 정한다.

제11조(토양오염의 신고 등) ③ 제2항의 조사를 한 결과 오염도가 우려기준을 넘는 토양(이하 "오염토양"이라 한다)에 대하여는 대통령령으로 정하는 바에 따라 기간을 정하여 정화책임자에게 토양관련전문기관에 의한 토양정밀조사의 실시, 오염토양의 정화 조치를 할 것을 명할 수 있다.

---

(9) 토양환경보전법 제10조의3 – 종전 소유자의 전전매수인에 대한 손해배상책임

대법원 2016. 5. 19. 선고 2009다66549 전원합의체 판결

< 사실관계 >

- 피고(A)는 1973년경부터 이 사건 토지 지상에 20년간 주물제조공장을 운영함. 피고는 B에게 이 사건 토지를 매도하였고, B는 주물제조공장을 철거함.
- 그 후, 위 토지의 소유권은 B, C, D를 거쳐 원고(E)에게로 순차로 이전됨.
- 아파트를 건설하려던 원고는 위 토지가 아연, 니켈 등으로 오염되어 있으며, 폐콘크리트 등의 폐기물이 매립되어 있는 것을 발견함.
- 이에 원고는 피고를 상대로 "토양오염을 유발하고 폐기물을 불법으로 매립하여 오염토양의 정화 및 처리비용을 지출하게 하는 손해를 발생시켰다"며 불법행위 손해배상청구의 소를 제기함.

▶ **쟁점:** 토지의 종전 소유자(피고 A)가 토지의 전전매수인(원고 E)에 대하여 직접 불법행위 책임을 부담하는지

< 판결요지 >

– 토지의 소유자라 하더라도, 토양오염을 유발하였음에도 오염토양을 정화하지 않은 상태에서 또는 토지에 폐기물을 불법으로 매립하였음에도 처리하지 않은 상태에서 토지를 유통되게 하였다면, 거래의 상대방 및 토지를 전전 취득한 현재의 토지 소유자에 대한 위법행위로서 불법행위가 성립할 수 있음.

– 현재의 토지 소유자가 토지소유권을 완전하게 행사하기 위하여 오염토양 정화비용이나 폐기물 처리비용을 지출하였거나 지출해야만 하는 상황에 이르렀다거나 관할 행정청의 조치명령 등에 따라 마찬가지 상황에 이르렀다면 위법행위로 인하여 비용의 지출이라는 손해의 결과가 현실적으로 발생하였으므로, **토양오염을 유발하거나 폐기물을 매립한 종전 토지 소유자는 그 손해에 대하여 불법행위자로서 손해배상책임을 짐.**

▶ 대상판결에서는 토양환경보전법 제10조의3에서 규정하고 있는 오염토양 정화의무를 사법상 책임으로 해석하여 토양오염을 유발시킨 자는 현재 소유자에 대하여 직접 정화의무를 부담한다고 판시함.

<관련 법령>

토양환경보전법 제10조의3(토양오염의 피해에 대한 무과실책임 등) ① **토양오염으로 인하여 피해가 발생한 경우 그 오염을 발생시킨 자는 그 피해를 배상하고 오염된 토양을 정화하는 등의 조치를 하여야 한다.** 다만, 토양오염이 천재지변이나 전쟁, 그 밖의 불가항력으로 인하여 발생하였을 때에는 그러하지 아니하다.

② 토양오염을 발생시킨 자가 둘 이상인 경우에 어느 자에 의하여 제1항의 피해가 발생한 것인지를 알 수 없을 때에는 각자가 연대하여 배상하고 오염된 토양을 정화하는 등의 조치를 하여야 한다.

(10) 민법 제580조 – 토양오염으로 인한 하자담보책임

대법원 2021. 4. 8. 선고 2017다202050 판결

< 판결요지 >

- 매매의 목적물이 거래통념상 기대되는 객관적 성질이나 성능을 갖추지 못한 경우 또는 당사자가 예정하거나 보증한 성질을 갖추지 못한 경우에 매도인은 민법 제580조에 따라 매수인에게 그 하자로 인한 담보책임을 부담함.
- 매매목적물인 대지가 유류, 중금속 등으로 **오염되어 있어 그 정화를 위해 비용이 발생한다면 그 대지는 매매목적물이 통상 갖출 것으로 기대되는 품질이나 상태를 갖추지 못하여 민법 제580조에서 정하는 '매매의 목적물에 하자가 있는 때'에 해당**함.

▶ 오염토지 매매로 인한 하자담보책임 인정

<관련 법령>

제575조(제한물권있는 경우와 매도인의 담보책임) ① 매매의 목적물이 지상권, 지역권, 전세권, 질권 또는 유치권의 목적이 된 경우에 매수인이 이를 알지 못한 때에는 이로 인하여 계약의 목적을 달성할 수 없는 경우에 한하여 매수인은 계약을 해제할 수 있다. 기타의 경우에는 손해배상만을 청구할 수 있다.

민법 제580조(매도인의 하자담보책임) ① 매매의 목적물에 하자가 있는 때에는 제575조제1항의 규정을 준용한다. 그러나 매수인이 하자있는 것을 알았거나 과실로 인하여 이를 알지 못한 때에는 그러하지 아니하다.

(11) 민법 제390조 – 토양오염으로 인한 손해배상책임

부산지방법원 2021. 1. 13. 선고 2019가합45728 판결 (확정)

< 판결요지 >

– "토지에 폐기물을 불법으로 매립함으로써 토양오염을 유발하였음에도 오염토양을 정화하지 아니한 경우 위 토지를 매수한 현재의 토지소유자가 오염토양 또는 폐기물이 매립되어 있는 지하까지 그 토지를 개발·사용하게 된 경우 등과 같이, **자신의 토지소유권을 완전하게 행사하기 위하여 오염토양 정화비용이나 폐기물처리비용을 지출하거나 지출해야만 하는 상황**에 이르렀다거나, **구 토양환경보전법에 의하여 관할행정 관청으로부터 조치명령 등을 받음**에 따라 마찬가지의 상황에 이르렀다면, 위 위법행위로 인하여 오염토양 정화비용 또는 폐기물처리비용의 지출이라는 손해의 결과가 현실적으로 발생하였다"고 볼 수 있음.

– 특별한 사정이 없는 한 채무의 불완전이행으로 인한 손해배상책임이 있고, 현실적으로 손해가 발생한 때를 채무불이행에 의한 손해배상청구권의 기산점으로 삼아야 한다고 봄.

▶ 대상판결에서는 토양오염의 하자가 존재하는 토지를 매도한 경우 특별한 사정이 없는 한 채무의 불완전이행으로 인한 손해배상책임이 있다고 판시함.

<관련 법령>

민법 제390조(채무불이행과 손해배상) 채무자가 채무의 내용에 좇은 이행을 하지 아니한 때에는 채권자는 손해배상을 청구할 수 있다. 그러나 채무자의 고의나 과실없이 이행할 수 없게 된 때에는 그러하지 아니하다.

참고문헌

저서, 논문 등

- 김도형, 국내 물환경법제의 최근 동향과 쟁점, 환경법연구, 제42권 제1호(2020)
- 김도형, 위해도 기반의 오염부지관리를 위한 법제화 방안, 환경법연구, 제41권 제1호(2019)
- 김홍균, 환경법연습 제3판, 홍문사
- 김홍균, 환경법 제6판, 홍문사
- 법제처, 국가법령정보센터
- (사)한국환경법학회, 대법원 환경법연구회, 환경 판례백선, 박영사
- 환경부, 환경 30년사
- 한국무역협회, 기업현장 방문을 통한 환경규제 합리화 방안 연구(2019. 10)
- 환경부, '환경관련 법령해설 및 행정실무(2009. 8)
- 환경부, 비산먼지관리메뉴얼(2021. 1)
- 환경부, 자원순환사회 기반마련을 위한 폐기물 판단기준 마련 연구(2019. 9)
- 한국지하수토양환경학회, 토양지하수환경, 동화기술
- 환경부, '화학안전관리 정책방향' 발표자료
- 환경부, '쉽게 이해하는 화학물질관리법' 발표자료
- 한국화학물질관리협회, '화평법 개요 및 중소기업 지원사업 소개' 발표자료

판례

- 대법원 2010. 9. 30. 선고 2009두6681 판결
- 대법원 2011. 5. 26. 선고 2008도2907 판결
- 대법원 2013. 5. 9. 선고 2012두22799 판결
- 대법원 2016. 5. 19. 선고 2009다66549 전원합의체 판결
- 대법원 2017. 11. 29. 선고 2014두13232 판결
- 대법원 2019. 12. 24. 선고 2019두45579 판결
- 대법원 2020. 6. 11. 선고 2019두49359 판결
- 대법원 2021. 4. 8. 선고 2017다202050 판결
- 대법원 2021. 7. 15. 선고 2021두31429 판결
- 대전고등법원 2021. 2. 4. 선고 2020누11785 판결
- 부산지방법원 2021. 1. 13. 선고 2019가합45728 판결